建筑快图

表现系列

水彩快速表现

中国电力出版社

朱丹 著

U0315056

内容提要

本书区别于传统水彩表现技法的内容，记录了水彩快速表现在记录、表现、展示等各设计环节方面的应用，通常情况下，它们以视觉笔记、草图、效果图等视觉图形语言来呈现。 本书的前三章介绍了学习水彩画方法的基础，为进一步研究水彩快速表现提供了必要的基石；接下来两个章节通过分类解析和现场写生介绍了水彩快图的绘图要点和风格特征，大量图片可以供读者参考临摹；第六章重点阐述了水彩快速表现如何与建筑设计图相结合，对应建筑设计实践中常见的平、立、剖、透视图等内容——分类介绍，藉此培养学生快速徒手表现的能力并使之成为与计算机互为补充的重要技巧。适合高等院校建筑学、景观设计、室内设计等相关专业学生使用，同时也适合广大美术爱好者使用。

图书在版编目（CIP）数据

建筑快图表现系列. 水彩快速表现／朱丹著. —北京：中国电力出版社，2016.4

ISBN 978-7-5123-8551-1

Ⅰ. ①建… Ⅱ. ①朱… Ⅲ. ①建筑画－钢笔画－水彩画－绘画技法 Ⅳ. ①TU204

中国版本图书馆CIP数据核字（2015）第272266号

中国电力出版社出版发行

北京市东城区北京站西街19号　　　100005　　　http://www.cepp.sgcc.com.cn

责任编辑：王　倩

责任印制：蔺义舟　　　责任校对：常燕昆

北京盛通印刷股份有限公司印刷・各地新华书店经售

2016年4月第1版・第1次印刷

889mm×1194mm 1/16・7.25印张・202千字

定价：48.00元

前　言

在西方传统教育体系内，建筑设计不属于工科，而是作为艺术的七大门类之一设定的。因此建筑设计师大多也是艺术家，他们一般都具有娴熟的绘画技巧，在当时，建筑师和艺术家是相通的。

我国过去的建筑设计教育体系也是参照西方教育体系设置的，传统的建筑设计专业都必须系统地学习绘画，素描和水彩是必修科目。著名的建筑设计大师杨廷宝、童寯等都同是画工了得的水彩画家。

水彩画是表现建筑风景的一种艺术，它轻快明晰，对环境色彩的相互作用甚高。在传统建筑教育时期，建筑设计渲染图都是用水彩画的方法绘制的，因此在当时，水彩技法的好坏直接关系到对建筑设计方案的评价，每个学习建筑的学生都十分重视这门课的研习。近年来，随着计算机绘图的普及，人们可以用电脑来处理复杂的绘图工作，提高绘画的效率与品质，传统的表现手法一度几乎被市场抛弃。相应在建筑院校中，对于水彩的训练也渐渐被马克笔、彩铅、水粉等其他工具所取代。

然而最近几年，随着人们对返璞归真理念的崇尚，向手绘建筑表现回归的趋势日趋明显，这种回归是伴随着技术进步的回归，而非传统手法的重复。就建筑水彩教育而言，也由当初细腻的表现方式向水彩快速表现转化。这种变化一方面来源于大众审美观念的变化，另一方面也来自于实际市场的需求。

水彩与钢笔速写的结合，不但能培养学生的造型能力，促进其形象思维，更能提高其快速设计表现的能力，同时在设计构思和场地记录方面具有独特的实用价值。本书区别于传统水彩表现技法的内容，记录了水彩快速表现在记录、表现、展示等各设计环节的应用，通常情况下，它们以视觉笔记、草图、效果图等视觉图形语言来呈现。

图形语言要求使用大脑的各种能力——分析、直觉、综合，甚至是情感。本书向建筑行业的学生和从业者介绍了水彩快速表现的理念和基本的绘图方法。通过加强理解现实的方法形成一种对形象世界的认知，也会培养和建立绘画者在分析和直觉绘图技巧与能力方面的信心。

本书的前三章介绍了学习水彩画方法的基础，为进一步研究水彩快速表现提供了必要的基石；接下来的两个章节通过分类解析和现场写生介绍了水彩快图的绘图要点和风格特征，大量图片可以供读者参考临摹；第六章重点阐述了水彩快速表现如何与建筑设计图相结合，对应建筑设计实践中常见的平、立、剖、透视图等内容分类介绍，以培养学生快速徒手表现的能力并使之成为与计算机互为补充的重要技巧。

东南大学建筑学院将水彩画纳入教学体系已经有80多年了，其间曾经出现过硕果累累的时期，留下了许多精美的水彩作品。今天的学生仍然坚持既用电脑画图，又用徒手表现的方式来培养美的素养、表达和沟通的基本能力，因为徒手绘图这种表达更简练、更快速，更适合当今建筑设计对水彩的需求。作为在东大建筑学院工作近20年的教师，我将教学中的经验记录下来，目的是希望能将传统古老的技法与当今的需求相结合，使它重新焕发生命力。当然，学生和专业人员始终在努力发掘表达设计的新方法，建筑水彩也将随着人们的需求变化而变化。我在本书中介绍的方法不可能做到详尽无遗，书中所提供的图例意图是扩展学生学习的基本技法，激发他们对于水彩的兴趣，鼓励他们开始自己的手绘发现和探索之旅。

目 录

第1章　水彩快速表现的特点

1.1　谈谈水彩快速表现

　　水彩画是指以水为主要调和剂，调和水溶性颜料作画的一种绘画方式。具有透明水彩特征的水彩画发端于德国，但18~19世纪的英国水彩画家们却使水彩画形成了完整的体系，因此，英国成为现代水彩画的发源地。100多年前，水彩画传入中国，其运笔、水、色、纸的作画方式与中国传统的水墨画和文化审美竟然有许多共通之处，这使得水彩画在中国得以快速发展，并形成了自己的特色。同时，由于建筑专业传统的渲染方式与水彩画的关系密不可分，在国内，许多建筑大师如吴良镛、齐康、杨廷宝、童寯、刘敦桢等人均是建筑师出身的水彩画家。近年来，由于电脑制图技术的飞速发展，水彩之于建筑表现图的作用日趋式微；但是，颜料透明、适用性强的特点还是使其与钢笔速写相结合，产生了一种新的快速表现方式，也使其在捕捉设计灵感、表达设计意图方面继续发挥着重要的作用。在本书中，我们将要讨论这种水彩快速表现的方法（也可以称为水彩速写）的优缺点，以及它在设计中的应用。

　　"为什么一幅尚未完成的水彩画可以看起来那么打动人心？"这是水彩画家朱迪·威顿曾经在她的一本书中给出的设问。"未完成的水彩画"，或者可以称为"速写性质的水彩画"是指短时间内完成的、没有呈现出过多的细节，以捕捉和记录描绘对象的主要特征为目的的水彩绘画形式。这种图，虽然细节有限，却往往充满活力，使人很容易被画面吸引。

　　是因为时间有限，所以绘图者洞察到了真正感兴趣的部分并将之表现给观者了吗？还是大量的未涂色区域使得画中的寥寥几笔更显突出？抑或瞬间捕捉的色彩印象远比长时间观察后更为鲜明？……无论如何，这些看上去是由绘画者在某个特别的时间点上停笔的作品与那些精致、完善的水彩画放在一起时也毫不逊色！这促使我们去思考，"什么才是一张完成的画？"

　　当一位画风细腻的水彩画家在被问及什么时候是他判断水彩画完成了。他的回答是：通常都是在你停笔前的很长时间……这个令人玩味的回答道出了一个真理：当努力完成一幅作品时，你往往就会加入更多

巴黎风景速写

钢笔水彩速写《荷兰园小屋》

的信息，填满所有的空间，而你很可能没有意识到，之前很久你已经画完！而之后的每一笔都是在减损你的画面。

上写生课时，让学生意识到何时停笔、需要何种复杂程度是一件很艰难的事。作为建筑专业的学子，追求完美是至上法则。然而当他们发现继续画下去就是破坏画面时，沮丧和茫然之情油然而生，这需要大量的绘画经验去帮助他们认识到作品展现了潜在美的瞬间。为了帮助他们更好地找到那个"点"，本书将介绍一种简便的水彩快速表现方法，期望能展现出水彩速写画面的魅力，同时也可以为那些需要在短时间内（一般是半小时或1小时）完成某方案、某构想的设计者们提出一个相对简便的掌握水彩绘画的途径。由于个人授课经验所限，本书中更侧重对于风景、建筑等题材的描绘。

1. 水彩快速表现的优点

水彩快速表现有很多优点，许多著名的设计师如动漫大师宫崎骏、建筑设计师罗西等人都曾使用水彩快图来作原始的设计构思和方案表现。从水彩工具自身的特点来说，水彩色泽艳丽，透明度好，可与水相融，涂色时铺面率极高，所以在表现大面积、柔软材质、色彩渐变、湿画法方面具有独特的优势；从表现技法来说，水彩用笔丰富多样，点、线、面等不同的笔触展现出的视觉效果也是多样的，从而使画面显得生动；从学习方法而言，多数学习建筑和环境设计的学生都曾有过学习建筑渲染、水粉画或水彩画的经历，这使学习水彩快图表现变得有律可循。

此外，与传统的水彩画相比，水彩快速表现显得更灵活，画法更为简便。因为水彩是铺陈在钢笔线描基础之上的，所以一些形体的转折、承接关系则无需用过多的色彩来区分；画面有时也无需完整，只记录某片断也是可以的。色彩关系上简练、鲜明，比较容易掌握。

2. 水彩快速表现的缺点

水彩画法所需工具比较繁杂，携带颇为不便。在绘图过程中必须熟练掌握水分的干湿程度，否则难以控制画面的效果。这样一来，绘画过程中等待颜色变干，进行二次上色的过程往往会令人急躁。此外，水彩颜料具有透明性，因此不能覆盖底色，一旦落笔便不易涂改，所以落笔须慎重。

路易威登"旅游随想录"邀请世界各地艺术家描绘各大都会无可取代的特色，中国北京成为继巴黎、

《Garden of paris》中的水彩速写
作者：Fabric Moireau

北京旅游随想录
作者：孙川

北京旅游随想录
作者：孙川

北京旅游随想录
作者：孙川

动漫大师宫崎骏的手绘水彩原画

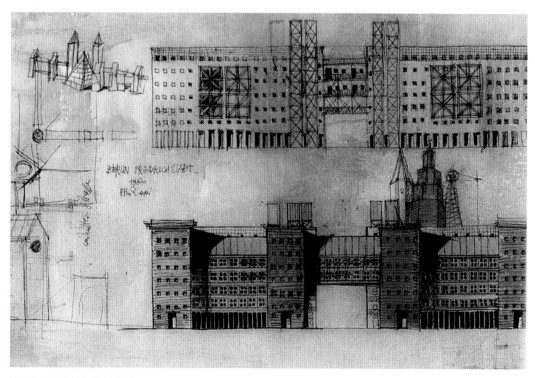

建筑师罗西的水彩建筑表现图

伦敦、东京等系列主题后的第七个，艺术家孙川所绘的"北京旅游随想录"中的精彩画面，向我们展示了水彩速写独特的魅力。

1.2 水彩快速表现的几个难点

1. 难点一：线稿

水彩快速表现一般是建立在钢笔或铅笔线稿的基础上敷色完成的。如果画不好线稿，就会影响到图面的最终效果，所以能否画好钢笔线稿就成了我们面临的第一个重要环节。

钢笔画常以钢笔或针管笔作为绘图工具，以徒手的方式或借助尺规等工具，利用同一粗细或略有变化的线条进行叠加、组合，表现出建筑及环境的基本轮廓及建筑的质感和光影的变化。钢笔画一般有两种，一种是线形钢笔画，即用线条来勾勒建筑物的轮廓，在我国传统绘画中通常称为白描；另一种是素描形钢笔画，即用线条排列的疏密关系表现形体的结构转折和明暗光影，使之具有立体感。作为水彩画的底稿，钢笔线条往往用来限定建筑形状的外部轮廓和内部的凹凸转折，所以线形钢笔画更为适合。画图时要注重以下几个方面：①透视准确，如果透视不准，建筑的形象就会扭曲。②选取合适的透视角度，钢笔线稿通常要选取那些最为常见的、能表现建筑特点的角度来充分展示建筑形象。③线条流畅，注重线条的轻重缓急与线条的虚实关系。

2. 难点二：熟练用色

带有色彩的表现图给人的第一印象便是色彩关系的好坏。许多人往往会遇到配色和调色方面的问题。如何搭配颜色才能使画面色彩既统一又富于变化？如何调配出自己预想的色彩？想要解决这样的问题，我们必须首先熟悉水彩的颜色。

水彩的颜色极多，这里列举一些我经常使用的颜色，简单介绍一下它们的性能，这只是一些个人观点，帮助大家在较短时间内熟悉它们。

（1）白粉：色彩明亮，为冷色性。与其他颜色相调和时，可冲淡其他颜色，很柔和，但不具有覆盖住底色的能力，只会使底色变浅，在表现玻璃时，可利用这一特征作出柔和的反光。一般不常使用。

（2）柠檬黄：色彩透明，有深浅两种。不能大片单独使用，与红、蓝混合后产生艳丽的间色。画树时，柠檬黄可作为最明亮的色调画在树冠的受光面。

（3）土黄：色彩不透明，但与其他颜色相配合时极易调和。这个色彩不易起变化，无论单独使用或和群青、朱红、普蓝等色相混，都会产生很静雅的感觉。

白描式的钢笔线稿

（4）铬黄：略带红味的黄色。与普蓝混合后，形成美丽的绿色；与朱红混合后则产生明快的橙色。即使单独使用也很漂亮。

（5）橘黄：与绿色混合后呈现黄绿的色彩。作秋天的景色时，常常要使用橘黄色。灯光、落日也可以使用该色。

（6）赭石：色彩不太透明。作秋天的场景比较合适。这种颜色与绿、紫等色混合后可产生极佳的色彩。此色不易变色，性质较为恒定。但要注意的是，单纯的赭色在画面上不可多用，否则会产生干枯的感觉。

（7）朱红：朱红是一种暖色，不太透明。此色与黄橙色相混合时非常容易融合。如果与绿色混合时则成为灰暗色，但是减少其中某一色的混合比例，就能调出极为常用的灰绿或灰红。

（8）玫瑰红：带蓝紫味的红色，该色透明，但极易变色。

（9）深红：此色透明且易溶解，颜色中略带青味。色彩浓厚，与普蓝相调后会产生一种较暗的色彩，一般可用来取代黑色表现画面中极暗的色调，好处是在这种暗色调中，如果略加深红，则产生偏暖的暗色；反之略加蓝色，则产生偏冷的暗色调。

（10）印度红：不透明的色彩，颜色暗而沉着。这个颜色不易褪色，非常容易与其他颜色相调和。可以尝试将土红与群青调配，产生一种灰色，加水冲淡后被广泛用于物体的暗部。

（11）群青：半透明的颜色，耐久性强，我常用来表现晴朗的天空，是水彩画中最为常用的色彩之一。

（12）钴蓝：很多人也用这个颜色表现天空或人物的服装。色彩不透明，色泽美丽，即使单独使用也别有趣味。

（13）普蓝：1704年，在柏林发现了这种颜色，所以取名为普鲁士蓝，简称普蓝。普蓝色较为透明，易溶于水，在水彩画中应用很广。它与柠檬黄相调和就形成美丽的绿色，与玫瑰红相混合产生明媚的紫色，单独使用时应降低浓度。

（14）紫：这种颜色在阳光下极易褪色。

（15）青绿：色彩透明，又称深绿，是一种浓艳的绿色。它多与其他颜色混合使用，很少单独使用。

（16）橄榄绿：橄榄绿是由靛蓝、印度黄及少量的褐色混合而成的，故这个颜色本身微带褐色。

（17）翠绿：分深浅两种，不透明，色彩较为艳丽。如果在画中轻轻涂抹几笔翠绿色，可增加很多光彩。

上述各种色相在不同的水彩品牌中还会有各种不同的名称，其性质也会稍有差异，但大抵如此。这里简单的介绍可以给大家一个印象，在具体绘画过程中，随着绘图者对特定颜色的掌握，还可能会有个别性的体会，这将随着你的经验丰富而丰富。

此外，各色相还可相互混合产生品种更多的二次间色和三次间色。比如左图所列举的色表就是分别用4种黄与4四种蓝等混合而成的16种间色，当这些颜色被水冲淡后又呈现出不同的色调。你也可以分别制作其他间色的色卡，它可以给你直观的色彩感受。制作这些色卡，要在品质很好的水彩纸上，至少250克，完成后，最好用一张塑料纸覆盖，使它防水，并且更耐用，以后当你需要调出特别的颜色时，可以参考你的色谱获得灵感。

深色的调配：深色是画面中最暗的色彩，在画水彩速写时经常会用到。有许多同学喜爱直接使用调色盒中现成的黑色，这样往往造成的结果是：画面暗部显得很脏而且缺少了色彩的冷暖特性。其实，我们可以用其他一些颜色调配出类似于黑色的暗色，如图例所示，将对比色或互补色相调配就可以产生各种具有微妙区别的暗色。这样做的好处是：它可以产生具有偏暖或偏冷色性的各种暗调子。比如说，用群青与深红相调和可产生暗色，如果两色比例相当，则获得中性的深色，如果我们希望获得偏暖的暗色，可以在调色时略多加一些红色，反之，如果群青略多则色彩偏冷。你可以按照图例尝试获得深浅不同、色性不同的各种深色。

混色练习：
第一排为原色（从左至右）：柠檬黄、中黄、玫瑰红、大红、普蓝、青莲。
第二排为间色（从左至右）：柠檬黄和普蓝、中黄和大红、玫瑰红和青莲。
第三排为间色（从左至右）：中黄与青莲、柠檬黄和玫瑰红、大红和普蓝。
将这六种基本色两两相混可产生多种间色，如果将间色再与原色相混合，可以产生更多的复色。

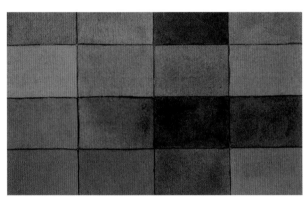

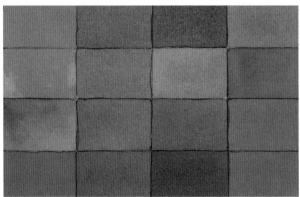

制作色谱的练习：
制作两个不同的色谱，一个是深绿（上）、另一个是通过稀释得到的浅绿（下）。这可以帮助你调出宽泛的绿色，也帮助你思考它们的色调属性。
用这个方法，你还可以制作更多的色谱，这将使你进一步了解你的水彩盒，丰富你的调色经验。

深色的调配方案

3. 难点三：水分与时间

用水彩作图非常重要的一点就是使用水分来调和颜色，但是描绘对象不同、描绘目的不同，水分的使用也有区别。比如，描绘远景及背景时可使用较多的水分，使之产生朦胧感；描绘近景或较为精致的物体在水分的使用上可相对减少。对于建筑画而言，一般天空、远树、地面、水面等用水较多，而近处的花草、树木及建筑细部用水较少。最为常用的用水方法是：第一遍着色后，趁颜色尚未干透时着第二遍色，这样第二遍色与第一遍色就可以自然地融合与连接。

时间的掌握与用水的问题互相关联。用多少水？什么时候加第二遍色或第三遍色？这些问题都与时间有关。如果第二遍上色过早，此时第一遍色存水太多，那么整个画面水色淋漓，不易表现明暗；相反，第二遍上色过晚，此时第一遍色已经干透，那么画面上容易出现块状的水渍。

32cm×24cm
窗前的静物
作者：朱丹

上图中出现的水渍成因有二。一方面第一遍底色已干；另一方面，第二遍着色时笔端含水量过多，使颜色向四周渗透。如果想要避免水渍，此时可以使用干净的面巾纸放在一端吸收多余的水分，也可以保留，形成水色淋漓的效果

第2章　选择工具和装备

对于今天的水彩绘画者而言，问题不在于到哪里去买工具，而是如何在众多的工具中选择合适的工具。当迷惘的初学者向前辈求教时往往会获得多个不同的答案，因为大多数熟练的绘图者通常只选择一两种自己所熟用的工具或几种惯用的颜色，对于这几种工具和色彩的性能他们能很好地掌握与运用，所以才能得心应手地画出自己想要表达的效果。以下列举的工具都是我日常所惯用的，并非绝对，纯属建议。大家可以根据自身的情况和喜好选用其中的几种，长期坚持、反复练习和总结，这样最终都能获得较好的效果。

2.1　水彩颜料

水彩颜料分为干、湿两种。湿色呈胶状，软管装，有不同的盒装配套。这种颜料干湿适度，显色性好。不同品牌的颜料在性能、色相上会存在差别，选购时可择其所需。干色为块状，所含胶质较多，通常制成方

管装水彩颜料

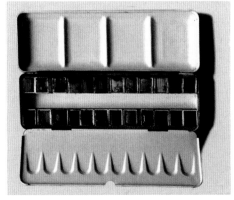

24色固体水彩颜料

形或圆形的色饼放在盒内。这两种水彩颜料在应用上各有利弊。湿色内含有较多的甘油，颜色较为清透，但当两色相混时，色彩透明度会降低，显明度也随之下降。块状色料携带很方便，使用时只要以清水将色块表面融化即可，但色彩混合后的色感和透明度比管装水彩要低。

2.2 纸张

水彩用纸有极大的限制，选择画纸时必须注意纸质的成分。水彩用纸的要求是：纸面粗细适当，纸质坚实并稍有吸水的性能。专用水彩纸很多，一般可以分为手工纸和机制纸。机制纸纹理一般，纤维较短，价格适中；手工纸略偏米黄色，纹理更好些，边缘多为毛边。按纸的压制方式分类，纸张可以分为冷压纸和热压纸。热压纸表面光滑，不宜存色；目前广泛使用的水彩纸是冷压纸，按纹理可以分为细纹、中粗和粗纹三种。市场上专卖的水彩纸一般按重量分为150克、200克、300克、450克等多种，克数较高的水彩纸在干湿变化方面要优于克数低的纸张。按照产地，我们可以把水彩纸分为国产和进口两种。进口水彩纸主要有法国康颂公司生产的阿诗、枫丹叶、梦法儿等，英国进口的山度士，意大利的法比亚诺等。国产保定的水彩纸也有较好的使用效果。以上各种水彩纸都有自身的特点，有的显色性好，有的纹理佳，有的吸水性好，画者可以根据自己不同的绘画要求和使用习惯来选择。

此外，针对不同的用途，市场上出售的水彩纸还有按照不同尺幅制作而成的四面封胶的水彩速写本，省却了绘图者装裱水彩纸的麻烦。

面对多种多样的纸张，练习者最好选择其中的1~2种，尽可能地在短时间内习惯这种画纸，因为每一种纸的吸水率、对色彩的吸收与呈现都是不同的。如果不停地更换画纸，只能使自己一直处于实验之中。

2.3 画笔

水彩速写一般是在钢笔线稿的基础上用水彩敷色的快速表现方法，所以涉及两种不同的画笔。

1. 水彩画笔

水彩画笔与一般的毛笔并不一样。用于书法的毛笔多以硬性狼毫作为笔芯，以其他柔软的细毛附于周围。这种笔含水量很少，笔锋尖锐，适合画线。水彩笔的笔豪是选用适当的软硬笔毛，以渐层的方法组织而成的。笔头略成圆形，浸水后，能变成尖锥的形状。这种笔含水量大，画线、画点、平涂都很合适。水彩画笔有不同的型号，从小到大1~20号各不相同，一般说来根据自己的情况选3~4支就够用了。根据笔毛的质地，有羊毛、狼毫、松鼠毛、黑

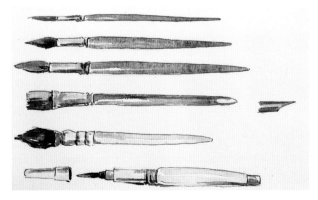

各种水彩画笔

貂毛、马鬃等各种选择，它们吸水率不一，画出的笔触也是不同的，分别用于大面积涂色或勾线用。还有一些画家喜欢使用排刷，在铺展面积大的颜色时使用，而对于较小画幅，显然是不太适用的。

2. 携带用水笔

这是一种笔杆为塑料储水容器的水彩画笔。笔头为弹性尼龙材料，分为大中小号。因其笔身可以注水，所以可以配合块状固体水彩使用，外出携带也比较方便。笔头弹性极强，可以画出细线和极小的色块，但不适合大面积铺色。

3. 针管笔或钢笔

这两种笔都是用来描绘线稿的重要工具。针管笔型号齐全，是颇受绘图者青睐的用笔。但是优质针管笔价格昂贵，且需要使用专用的墨水，所以成本较高，故多数绘图者也可以选择钢笔或粗细适中的黑色马克笔来勾画线稿，但是钢笔或水性马克笔线条容易被水溶解，使线条发乌，而使用针管笔使用的专用墨水则能避免这种状况。

2.4 其他工具

1. 调色盒（盘）

调色盒是一种由塑料制成的盒子，色池有12~20色不等。在调色盒中，一般以色环顺序排列颜色，这样不宜产生混合，否则会导致调色盒色相不明确。

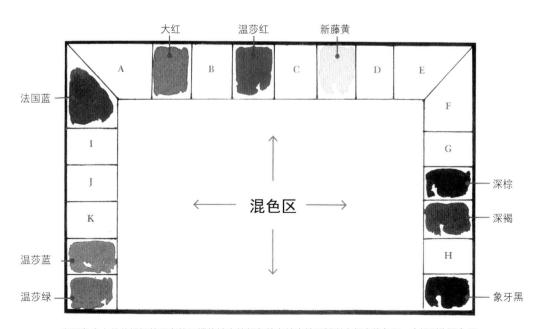

在调色盘上往往根据使用者的习惯将特定的颜色放在特定的区域以方便查找色彩，中间则为混色区。

2. 水杯和吸水布

水杯是画水彩画的必备工具，美术用具店有多种款式可供挑选。选择原则是应尽量选择携带方便、储水量大的水杯。

吸水布也是另一个必不可少的工具。它可以帮助绘画者吸去画面或笔端多余的水分，从而使画面不会形成难看的水渍。它也可以用吸水性较强的卷纸代替。

3. 辅助工具

遮盖液也称留白胶，呈液体状，具有低度粘性。使用时，可用毛笔蘸遮盖液，涂画在画面欲遮盖的地方，等到干后，就可以用作遮盖的隔离层，这样在使用水彩时可以大胆地用笔，色彩干后，轻轻揭开遮盖层，使遮蔽处保留原状。

刮刀用于水彩画时，可以根据干湿不同的状态刮出深浅不同的效果。有的画家将水彩笔的一端削平，以代替刮刀的效果，也是不错的选择。

还有一些其他的附属工具，如喷水壶、吸水面巾纸、胶带、画架、椅子等。

第3章　水彩表现的基本方法

完成钢笔线描稿后，我们就要开始为表现图着色了。水彩着色有两大基本原则，即先浅后深、先湿后干。先浅后深是指作画时，我们要先涂出画面上较为鲜艳、明度较浅的色彩，然后逐步添加次深的颜色，最后再画出图面上最深色的部分。这个程序不容逆转，这是由水彩颜料透明、不具有覆盖性的特点决定的。先湿后干是指绘图时要先使用湿画法来铺大色调，然后用干画法来描绘局部。这里提到两个概念，即干画法与湿画法，它们是水彩表现的两个基本方法。

3.1　干画法

干画法是一种比较简单的方法。指颜色一层层叠加时，应等到前一遍色干后再加上下一遍色。干画法的一般程序如下。

步骤1：先用薄色将画面上的物体基本颜色作出，此色应为物体的亮部色彩或固有色，着色要浅，不必过分注意明暗的色阶。

步骤2：第一遍色干后，将局部暗处画出，此时画面上物体的明暗或远近关系应基本划分清楚。

步骤3：第二遍色干后，可着第三遍色。这个阶段应将画面上最暗的小部分面积涂出来。这是收尾的一步，它可以提点画面的精神，使色彩层次感增强。

小提示：

我们在调浅色调时，如果要获得清透、明亮的浅色，切勿在原色中加入白色，而应用清水将色彩冲淡；反之，如果颜色中掺入白色，原色明度在增加的同时，色彩也变得混沌，透明度大大降低了。

3.2 湿画法

湿画法是一种不太容易掌握的方法，这种画法的特点是：在每次颜色未干时陆续加上下一遍的颜色，使色与色之间产生自然融合的效果。湿画法要求绘图者对于水分与时间的关系熟练掌握，这样才能将所想与所画的效果统一起来。

湿画法的一般程序如下。

步骤1：首先根据画面内容将画面分成几个部分。

步骤2：从画面中主要部分开始作画。与干画法相同的是，先画物体的浅色和基本色调，但是要在前一遍色未干时便作下一次色，使两色之间自然融合。

步骤3：画面的其他部分也按照上一个步骤反复画出。

小提示：

1．湿画法在上色前应将画面分成几个部分，因为如果将画面全部涂色后再着第二遍色，就会出现画面局部地方变干的状况。

2．特殊情况下，可在第一遍上色前，用清水涂满纸面保持纸张的湿度。

3．用湿画法作画，第二遍色的笔尖含水量宜少，色要多。

4．湿画法使颜色之间相互渗透，这样使得物体的受光面与背光面难以获得明显的边界，如果我们想要获得干净、利落的物体边界，可以在亮色色块与暗色色块之间留出一道狭窄的非涂色区，这样可以避免两边的颜色混合在一起。

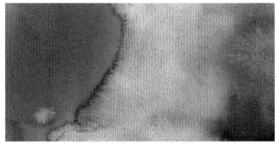

两张色卡展示出干画法与湿画法不同的涂色效果。左图为干画法，后一遍的着色与之前的色彩截然分开，画面呈现明显的笔触感；右图为湿画法，没有明显的笔触，色与色之间很柔和地融合起来，湿画法在表现圆润、渐变方面有明显优势。

事实上，在绘图的过程中，极少有整个画面只单纯使用干画法或湿画法的情况，更多的情形是：干湿画法相互结合使用，它们同时应用于同一画面中不同的表现对象，也可用于绘图时的不同表现阶段。如天空、草地、远山、远树、大面积的墙壁通常用湿画法来表现；而质感较强的砖墙、木板地面、近处的灌木花草、建筑细部则常用干画法。又比如，就表现同一物体而言，我们也是通常使用湿画法先将物体的大概色彩倾向画出，然后再用干画法以笔触的形式表现物体的质感或细部结构。

湿画法所表现的图面效果，水色相溶，在表现远景、朦胧感、雨后等场景时十分贴切

作者：朱迪·威顿

干画法为主的画面效果，色彩分界明晰，色与色之间对比度好，笔触明显，在描绘前景，物体的细节上应用广泛

水面的倒影由湿画法一气呵成，而前景的船只在湿画法的基础上用干画法进行了细部的刻画，很好地表现了近实远虚

水面投影与远景的树木是用湿画法完成的，这种方法特别适用于色彩间的混合和推远空间感

3.3　专项笔法

一、用色

1. 沉淀：不易充分溶解的矿物颜料加入适度水后，可在水彩纸上产生特殊的视觉效果。这种画法适合表现比较粗糙的物体表面，如砖墙、岩石等。

2. 渗透：两色加水后相接可以产生渗透，植物类颜料细腻而活跃，渗透性强于矿物质颜料。浓度高的向浓度低处渗透，高处向低处渗透（有时我们会微微抬起画板，使颜料向某方向渗透）。这种画法在画远景和物体暗部时经常用到。

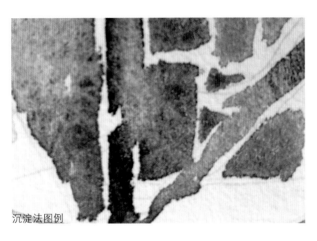

沉淀法图例

渗透法图例

3. 透叠：利用水彩的透明性，于第一层色干透后上第二层色，可以叠加出第三色，以达到与直接调色不同的视觉效果。这种画法在需要产生强烈的色彩对比关系时使用。应该使物体部分重叠。

4. 渲染：笔中水分充足，趁湿衔接，依次用笔，连续接色，画出一色向另一色的自然过渡。这种画法可以用来渲染大面积的天空或物体空旷而平坦的表面。

透叠法图例

渲染法图例

5. **并置**：色与另一色不相交，色彩可保持明确、鲜透、明亮。这种画法也是在需要产生强烈的色彩对比关系时使用，为了不让亮色相互融合，可以保留一些飞白。

并置法图例

二、用水

1. 湿接：先在纸上刷水，湿润后接色的方法。
2. 水洗：可以洗去画错的颜色，或者洗去表层，使颜色呈微妙的变化。
3. 吸水：趁水分未干时，用面巾纸吸去颜色。这既是一种去除余色的补救方法，也是一种造型手段。有时，我们可以用这种方法制造飞白。

三、刮色

水彩画中往往采用由淡到深的作画步骤。这样一来，在深色中制造浅色的效果就相对较难。我们可以使用留白胶或水洗的方法，但是也可以使用刮色的处理方法，即在纸张上的颜色未干时，用刀或刮笔刮出所需的造型和线条，产生笔触达不到的效果。

四、用笔

水彩画用笔与国画有点相似之处，也存在点、勾、扫、摆、提、擦、接等各种笔法，用以产生不同的笔触。且工具的形状不同，产生的笔触效果也不同。

使用吸水法制造出烟雾的感觉，这种方法也常用来表现天空的云朵

刮色画法图例

不同的用笔方式所产生的各种笔触效果

3.4　循序渐进地练习

想要熟练掌握干、湿两种不同的水彩表现方法和各种用笔、用色的方法，必须循序渐进地进行一定的水彩表现技法的基础练习。

第一阶段：首先你必须先画一点色彩写生。写生是对照实物、实景通过头脑分析色彩的构成与搭配再通过手表现于纸张的一种练习方法，它不仅可以培养我们的色彩感觉，还可以锻炼水彩表现的一般方法与技巧。写生的题材相当广泛，室内静物与室外风景都可以是写生的对象。练习时可按快慢结合的法则进行，画一些重于色彩质感与细部表现的长期作业，同时也可以画一些类似于速写性质的短期作业。

细致描绘的水彩作品一般用时较长，画面色彩满铺，对于物体的质感、细节等都有一定的要求。通过这一阶段的练习后，你会对色彩间的对比、变化及如何使用笔触都会有较为深刻的认识和理解

32cm×24cm
古生物研究所
作者：张小寒

第二阶段：快速的色彩写生，即水彩速写。

短时间的水彩速写练习（一般为30分钟到1小时以内）以把握画面的整体色调和快速表现物体的形体为目标。时间方面的限制可以使我们简化对细节的过度描摹。

32cm×24cm
南京师范大学
作者：蔡希熊

风景速写
作者：朱迪·威顿

上面两张作品是较短时间内画出大致的色彩效果，是一种强调速度感和色彩印象的水彩快速表现方式，画面虽然细节不多，却色彩活跃，笔触轻松，令人印象深刻

第三阶段： 在钢笔速写的基础上主观地进行水彩表现的练习。这一阶段拿出你以前所画的钢笔速写进行涂色练习。由于脱离了客观色彩参照物，你必须凭借已经掌握的"色彩配方"进行主观的水彩表现。

这个练习是最见效果的色彩训练方法。开始阶段，你可能因不知如何选择颜色而使画面色彩十分杂乱，但是持之以恒地练习之后，画面的色彩表现就会日趋完善。同时也为水彩快速表现建筑图打好了一定的基础。

32cm×24cm
速写改画
作者：凌洁

3.5　水彩速写的一般步骤

每位水彩画者都会有自己不同的绘画步骤。这是由他们的绘画习惯不同，使用的工具有差别，或是绘画理念的差异而形成的。但是由于水彩自身具有透明性、水溶性等特点，在绘画程序上我们大致还是能找到一定的常规步骤。简单介绍如下。

第一步：确定构图，用钢笔或铅笔概括出所绘物体的大致轮廓，但线稿中对于明暗转折的部位或色彩变化的部位宜用笔做好标记。

第二步：按照先浅后深的原则着色。因水彩具有透明性的特点，一般从浅色入手，依据画面的深浅变化而逐步加深（但这不是绝对，有时需要某色先干时可以先画，且大块面的暗色并不需要层层叠加得来，可以一次性给予充分的色度）。

第三步：从主体物入手，涂出大致的色彩关系。这一步要注意，不要盯着所要画的部位观察，而是采用飞快地看、对比着看、用眼角余光看等方式来感受色彩。因为色彩关系通常都是对比得来的。长时间的反复观察会削弱人们对于色彩的初步印象，这在色彩速写中是要注意避免的。

　　第四步：大致铺色后，进一步观察，用准确而果断的笔触进行局部的细节刻画。一般来说，水彩速写中无需面面俱到地画出各个细节。选择那些令你印象深刻的主体，有选择、有控制地画出重点，这样有助于增加画面的层次感，突出主体物。

注意点

1．对于题材的提炼是很必要的，在动笔前，我们需要从眼前繁复的场景中选择需要的内容。这时，可以自问，什么是促使你画这个景色的动力？这有助于找到主题。

2．色彩关系上的概括和适度的夸张。色彩速写不可能做到记录每一个细微的色彩过渡。快速画出色彩印象才是重点。色彩的并置关系和适度的夸张色彩倾向，会使画面更生动。

3．千万不要把画面全部填满，适度的留白使画面虚实相生。

4．用色切忌出现"焦""枯""干"等问题。一旦出现，很有可能是调色过程中使用赭石、熟褐、生褐过多，或是水分加入不够，颜色未能充分调开所导致的。

5．充分发挥水彩笔的工具优势，要多尝试不同的落笔方法，千万不要一种笔触画到头，这样画面会缺少变化，产生单一的感觉。

画图的步骤例一

步骤1

步骤1：用钢笔画出主体物的轮廓，要简练、快速。注意需使用防水的墨汁以免遇水后渗透

步骤2

步骤2：铺上第一遍颜色。从背景开始，从浅色开始，从大面积的色彩开始。注意，此时需使用大号的画笔，无须关注细小的色彩变化，此时应使用湿画法

步骤3

步骤3：等上一遍铺色稍干后，用深色画出背光的部位，要注意区分受光、背光的冷暖色彩关系

步骤4：继续深入刻画细节，拉开画面的景深

例二

步骤1：铅笔勾画出线稿后，首先铺背景的大色块和前景中的树木，然后画出建筑的主要色彩。这里要注意区分出前景、中景、背景树木的不同色彩关系（深浅、冷暖）

步骤2

步骤2：逐渐丰富画面的细节，如建筑物上的花窗、前景树叶的层次关系。要使用线面结合的方式使画面产生丰富的笔触变化

步骤3

步骤3：加入投影等深色可以增强阳光照射的感觉，增加立体感。同时审视画面的色彩关系，若色彩不够丰富，可以加入补色对比关系，同时增加前景的细节，使画面更耐看

第4章　水彩快速表现中的单体分类练习

　　在水彩快速表现中，环境的一景一物都对主体建筑起到烘托与渲染的作用，这些景物在建筑画上是非常重要的内容，一般包括树木、人物、交通工具、花草灌木、石头、水面等。它们往往在画面上占有一定的比例，有衬托主体形象、区分空间层次、烘托画面氛围、平衡构图等重要的作用，有时是一幅成功作品中不能忽视的重要内容。

4.1　如何表现天空

　　天空是大多数建筑、风景类水彩画都会涉及的体裁。在画面上，天空占据一定的面积，对主体建筑起调和与衬托的作用。天空的表现方法较为简单，最为常用的是单色渐变的平涂法，即调出天空的色彩，用较宽的笔从上至下、由深到浅地平涂。由于天空要很好地衬托出建筑的外轮廓，所以要特别注意留出建筑物的边缘，如果你没有把握，可以使用遮盖液。

　　另一种比较写意的天空表现法是用较宽的水彩笔在天空的部分顺着一个方向轻扫几笔，要注意笔触之间的疏密关系，故意留出一部分画纸的底色以增加天空的明度。这种表现方式适合于用笔比较写意和大胆的画面，其笔触表现出一种速度感。

　　天空的色彩一般使用群青或湖蓝，但不一定非使用蓝色不可，它应与整幅画处于同一个色彩体系之中。如果天空的色彩与其所在的场景色彩不调和，就会产生支离破碎的

天空中的云彩表现

现象，所以在画天空之前应分析整张图的主要色调，然后再落笔。

天空的表现方法：经常使用的画法为在纸上刷一层清水后，以群青色渲染画面，这种画法令色调过渡柔和，无明显笔触感，产生水气朦胧的效果。需要注意的是刷清水时水分不要过多，否则画面难以变干而影响绘画的速度。

有时天空也会使用笔触较为明显的画法，这样的用笔更为潇洒，更具有速度感，但是要注意颜色的干湿程度，否则会出现水渍或衔接不自然的状况。在色彩的调配上，与地面相接近的部分添加了非常淡的"青莲"，使之出现微红的色彩效果。

注意点

天空涂色的不同饱和度会产生不同的视觉效果。水分少时，色泽鲜艳，天空感觉晴朗；水分多时，颜色清淡，天空透明而开阔。

天空表现方法

具有笔触感的天空表现方法

4.2 如何表现树木

树木可以增加建筑与自然界的联系，既是画面中季节表现的载体，有时也能表现地域特点，同时它还可以平衡画面的虚实关系，使画面更加丰富和生动。

树干的表现：每棵树都有干，在干上生有树枝，大枝上开叉生出小枝，小枝上生叶，这是树的普遍规律。同一棵树的干枝生长形态是一致的，有"Y"形、"L"形、圆弧形等几种形式。根据硬枝与软枝的不同种类，硬枝向上生长，也向上分叉，枝干挺拔；软枝虽有向上性，但叶子的重量使枝条下垂，所以多呈弯曲向下的姿态。在用水彩表现时，细小树枝的画法比较容易，用笔勾画出分叉的形态就可以了；较粗的主干要分出明暗面，先将树干的本色画出，未完全干时就用重色勾画暗部，用笔时需要根据树干的肌理使用短小的笔触或流畅的笔触。

树木的体积感由繁盛的树枝和茂密的树叶所形成的树冠来反映。树冠的造型也有以下几种：球形、圆锥形、方形、特殊形等。根据不同的形态在光源作用下产生的明暗关系为它们上色，一般来说，树冠迎光的一面比较亮，而背光的部分比较暗，里层的枝叶处于阴影之中，故色调最暗。

树叶的表现：树叶常用在近景的画框边缘，可以遮盖住画面的一角。用水彩表现树叶时无须把叶片一一勾画出来，而应表现叶子的组合特征，按树叶的大致形态和生长方向将团块状的树叶形态画出，用湿画法画出团状叶片的暗面。

树叶常用的笔触组合方式

多种常用树叶和树枝的表现方法

步骤1　　　　　步骤2

步骤3

具体的画树步骤可归纳为以下几点：

步骤1：分析要画的树种的形象特征，然后用钢笔画出树的枝干轮廓，要注意留出适当的空白画树叶。按树叶的大致形态和生长方向用水彩将最浅的第一遍色画出。

步骤2：用湿画法涂出暗部。

步骤3：用色彩画出树干的浅色调，最后勾画树干上的影子和枝干的暗面。

从调色盒里直接取出的各种绿色与柠檬黄、土黄、赭石等色调相互混合后产生的绿色更柔和，更符合实际生活中所观察到的树叶的颜色。

树木的组合表现。远景的树一般处于建筑物的后面，起到衬托建筑的作用。远树的色调多为偏冷的灰色，整体的明暗对比关系较弱，有时，它们甚至被处理成一块单一的色调

4.3　如何表现人物

　　添加人物可以增加画面的生活气息，也能暗示画面建筑物的尺度。如果在适当的位置添加人物，还可以吸引观众的眼球，提高观看者对图中重要局部的注意力。表现人物时，最重要的准则就是画对人体比例关系和基本动作形态。在日常生活中，人的活动状态多样而繁杂，而且不同人的基本体形也具有很大的差别，如男性的身体更为宽大结实，而女性相对苗条；成人与儿童在身高上也具有明显的不同等，所以要注意总结与提炼。

　　人物在表现图中有近景、中景、远景三个不同层次。近景的人物要画得具体一些，数量1~2个就可以了。中景人物比例略小，可分出男女和基本动作关系，此外要注意中景人物的分布，他们可以分散在图面中，活动与方向各有不同。远景的人物最为概括，一般用2~3笔就可以完整地表现出来，他们往往分布在画面的中心或集中在建筑的入口处。在群组人物时，要注意高矮、男女及数量上的搭配，画面应疏密结合。

人物服装的色彩可以处理得稍稍鲜艳活泼些，这样可以起到点缀画面的作用。注意不要忘记画出投影

平时画一些简练的人物写生既可以收集
资料又可以锻炼线条与色彩表现物体的
经验，是一举两得的事

　　杂志也是很好的信息来源，将杂志上的人物用水彩表现，人物形象更为
时尚、生动。

　　中景人物的表现方法：在建筑表现图中，中景人物用得最多，但是多变
的人物造型往往令画者头痛，这里介绍一种常用的人物速画法。根据人体躯
干的基本形态，我们将之分为方形、三角形、多边形这几种。方形又有长
方、正方、略带弧形的方等，多用于表现正立或背立的人体；三角形用于表
现侧立的人体；多边形则增加了手臂的动作。在躯干上加入头、手和腿的造
型就可以表现出多种人物的形象了，最后用水彩进行渲染，千万不要忘记加
上投影以增加人物的立体感。需注意的是，中景人物形体的比例关系应比近
景人物小，容貌与服装样式要趋于简练。

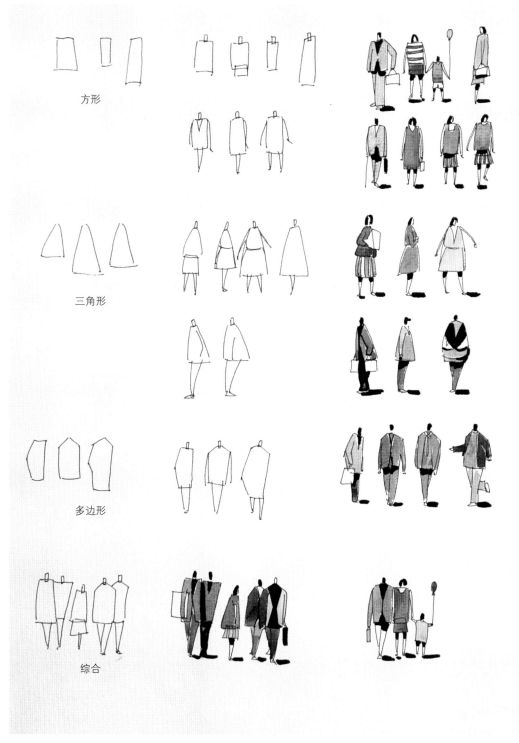

方形

三角形

多边形

综合

人物速画法

　　远景人物比例更小，人物形象更概括，有时不必区分男女。

　　将远、中、近不同比例关系的人物有序地放在画面上，即使没有其他物体的透视暗示，也可以表现出画面的景深关系。

4.4　交通工具的表现

　　交通工具指汽车、自行车、摩托车等运输工具，但在表现图中使用频率最高的还是汽车。无论是街景、广场、公园，还是建筑小品，只要是反映现代生活的，总少不了用汽车来渲染气氛。

　　汽车的种类极多，既有体量较大的公交汽车、货车，也有体积较小的轿车。画汽车的关键在于理解汽车的比例关系和组合关系，比如，公交车的主要结构为一个长方体，而轿车由几个大小不一的梯形组合而成。具体关系如下图所示。只要你理解了这些基本结构，就可以画出各个角度的汽车。

　　汽车可以填补画面上的空白，起到平衡重心的作用。通过汽车的比例关系也可暗示建筑的体量。有时，通过大小不一、高低不同的汽车的组合，还能调节画面的疏密关系，产生节奏感。

汽车的简笔画法

同一车辆不同视角的画法　　造型多变的轿车

各种不同类型的车辆水彩速写

4.5 如何表现水景

　　有时表现图上会涉及水景。因为水具有流动而透明的性质，所以常常令人感到无从下手，稍有不慎，就会将水面画成具有天空色彩的平面或者处理成肮脏的泥滩。

　　水面在动、静的状态下具有不同的水纹倒影。比较而言，静止的水面较为容易表现，唯一要注意的便是要把它画得很透明及如何表现出水强烈的光感。这些问题的解决将依赖于如何用笔，以及水面的条条白光如何来确定。静止水景的一般画法如下：首先用大致与天色相同而稍深的色彩画出水面，注意将有白光的部分留出。然后使用湿画法，用由上到下的笔触画出倒影，注意倒影的颜色要深一些。动态的水面由于具有不确定性，所以较难归纳出适用的绘画程序，建议在画表现图时尽可能地避免画动态的水面。在无法避免的情况下，可以先作一些动态水景的写生练习，观察动荡水面的规律。最重要的是要画出水纹、明度、破碎的倒影的特征，水的流动方向不一样，上述要素都会不同，所以要作具体的分析。动态水面常使用干湿结合的方法，第一遍着色时留出白光的部分，当颜色未干时画出水纹和倒影，最后，当前面的颜色完全干后再加重倒影与水纹的色彩。

4.6 如何表现山石

各种岩石的组合表现，要注意大小石块的组合及虚实关系

石头的形态不规则且颜色也较为复杂。画石头时，在钢笔线描的阶段就必须注意表现出石头坚固的硬性特征和石角嶙峋的形象。

石头须用干画法。画石块的颜色不能过分鲜艳，而应使用灰性的复色来表现石头的厚重感。画石头的颜色可使用色彩重叠的方法。首先，着第一遍色，再用笔轻轻地着第二遍色。这样处理的色彩可以控制重叠色的面积，也可以适当地保留部分第一遍色。为了增加石头的质感，处理石头时要预留出一些空白。等颜色干后，再用较重的色彩点画出空隙的阴暗部，这样在石头的表面就显现出凹凸不平的效果。

如果要表现规整的石块砌墙，就必须注意间隔画出一些不同颜色的石块，同时要用重色勾勒出石块的暗部。

步骤1：根据光源的方向，用浅色画出石头的基本色。

步骤2：调出深色，用干画法画出石头的暗部与投影，此时石头初步具有立体感。

步骤3：用最深的色彩增加石头的明暗层次，丰富画面。

步骤 1　　　　　　　　步骤 2

步骤 3

石头表现的基本步骤

表现石头时的注意事项：

1. 石头的颜色有时是很复杂的，比如绿中带红、蓝中偏黄等奇怪的颜色都会显现在一块石头上。画快图时不应以表现石头复杂的色系为重点，关键在于通过颜色将石头的明暗面表现出来，你可以记住一套配色，套用在各种形状的石头上。但是切记，石头的颜色不能艳丽、轻浮，否则石头的特征就会丧失，形成无重量、轻浮的观感。

2. 我们也常画到草丛中的石头，这时应先将草丛画好，留出空白的石块，等到草丛的颜色干后，再表现石头。

这幅图中的石头采用了干画法，保留了许多笔触的痕迹，特别是部分枯笔的使用更显示了石头嶙峋的感觉。石头暗部使用了紫色，受光面以偏暖的黄灰为主，很好地表现了阳光照射下岩石的状态

第5章　水彩快速表现

　　水彩快速表现也可以称为水彩速写，是描绘客观存在的场景，是一种就景画景的过程，虽然在描绘过程中也存在一定的取舍，但总体来说，描绘是有据可依的，归纳速写的过程应是"观察"＋"描绘"。水彩速写的特点是它看似的随意性，应用大的色块和笔触的痕迹保留一种快速完成的探索感。正像我们前面所讨论的那样，当人们努力完成一幅作品时，就会不断加入更多的信息，增加更多的细节，而这样通常会导致画面主题不明，虽面面俱到但缺少感染力。

　　好的水彩速写使人感觉画面的兴趣集中在某个点或某一方面。我们可以看到比现实更鲜明的色彩结合自由勾勒的线条，留白的区域衬托涂色的区域，使其更生动。事实上，这样的作品，你注视的时间越长，越觉得没有必要去增加细节。

　　这里比较重要的问题是构图和色彩的提炼。

　　如何构图好绘画的区域是非常重要的，与涂色的区域一样，我们也要小心设计好空白的区域。首先你必须面对信息丰富的场景来选择画多少，怎么画。然后在绘画的过程中，你要判断停笔的时间，以决定细节的保留度。

　　增强你的色彩是另一个重要的方面。画图的时候，大多数人试图还原所看到的场景原来的颜色。然而以此作为画面最终的样子，常常看起来令人非常失望。通常我们会得到一个色彩关系灰暗的画面，原因是色彩不够夸张。

　　当你观察场景时，你必须明白，你在浓缩自然于一个很小的形式之中。不时提醒自己这一点，再观察色彩的变化，你就会加强它们，使画的对象比它们自身更真实。

　　在线描稿的基础上用水彩等工具涂色，一方面可以表现出建筑形体的明暗关系，增加画面立体感，另一方面色彩使画面更生动、更丰富。水彩用色的方法与程序如本书第3章所述，只要反复练习，大部分人都能掌握基本的描绘技巧。

36cm×47cm

玄武湖玄圃

作者：朱丹

5.1 构图

  构图是把众多视觉元素有机组合在画面上，形成既统一又对比的视觉平衡的重要步骤，它是表现图是否成功的首要条件。好的构图应具有一定的视觉中心和图面的均衡感。

  主体物在画面中的位置要合理，既不能置于画面最中心的位置也不能太偏，最好置于画面中心附近。当主体物的位置和大小确定后，绘图者可以根据需要添加配景。配景添加的原则是：既要使画面在视觉上获得平衡感，又要有效地突出主体。配景应高低错落、疏密结合。但注意不应使配景分散观者对画面主体的注意力，也不应使配景设置过满而产生杂乱感。

  "Z"形或"S"形的构图。这是一种特殊的构图方法，吸收了传统中国画"留白"的处理方式，强调画面中空白所产生的空旷感、幽深感，比较含蓄和富有意境，若在表现气势较大或反映曲径幽深的园林景观时灵活应用能取得良好的视觉效果。需要注意的是，画面上的空白是用来衬托主要景观的，所以我们留出的空白不可支离破碎，否则会削弱画面的整体感。

  作为特殊的需要，有时还会出现只描绘建筑局部的构图，比如放大建筑的入口处或是只表

32cm×24cm
明孝陵享殿
作者：朱丹

石阶两边的虚化处理使画面主题更加明确

另一种S形的构图，使画面的虚空间呈S形的布置，可产生深远辽阔的视觉观感

26cm × 31cm
苏州园林
作者：朱丹

从水边到石阶到建筑是一个移步换景的过程，场景过大，要描绘的物体过多。将两侧虚化处理后，拾阶而上的感觉突出了主体，画法也显得轻松、自然

36cm×47cm
鸡鸣寺图书馆
作者：朱丹

二零一叁年十一月写于古鸡鸣寺
2013. 11. 8.

作为近景的树木构成了不规则的画面外轮廓，主要建筑物放置其中，这也是一种特别的构图，画面重点突出，活泼生动。注意：作为外轮廓的树木可以用色彩渲染，也可以用轮廓线的方式出现

现建筑的露天广场或某些景观，又或是强调说明建筑的局部材质感等。这些情况都说明构图的原则并非绝对，可以根据当时的情形和设计需要适时调整，但是对于初学者来说，仍有必要了解上述的基本构图形式和一些构图原理。比如，传统的构图原则中，扁长形的横向建筑需要用横向构图，一般用垂直感强的配景与之搭配，而高耸的垂直形的建筑则需要采用纵向构图，以水平方向的配景来衬托……又如，主体建筑不宜居中，否则构图显得呆板，但是也不能过偏，最好将它放在画面略偏的地方。

根据同一场景用不同的构图方式来表现的水彩画（右图的透视感更好，曲线将观者的视线引向画面深处）

以建筑局部为主的构图要突出所画物体，不需要把场景事无巨细地全部记录，仍然要注意构图的均衡法则及对比统一的法则

36cm×47cm
清凉山公园
作者：朱扬扬

建筑只出现了一角，但画面仍然达到了微妙的平衡，这种平衡关系或许来自红与绿这组互补色的相互穿插

36cm×47cm
清凉山公园
作者：梁源

这幅作品以一扇门为前景重新限定了画面，产生了画中画的感觉。透过打开的门，观众的视线可以随着石阶延伸至远方

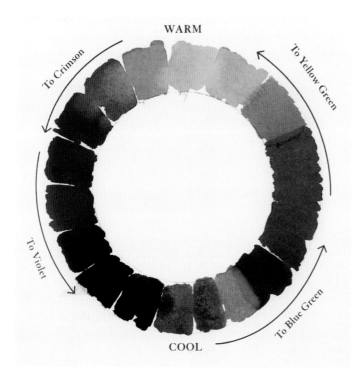

5.2　色彩配置

　　色彩令画面更丰富，更引人入胜，但搭配不好的色彩却会起到反效果。许多人拥有完美的钢笔绘图技巧但是却不能把握色彩的搭配关系，致使最终难以达到令人满意的图面效果，这是非常可惜的事。那么，几种颜色配合在一起，怎样使它们相互映衬、配合得当呢？我的建议是，在正式涂色之前，你最好画一个色彩小稿。它的面积不应过大，画面也不要太复杂，可以用钢笔简单地将画面的场景分成几个部分，面积较大的主要建筑大致分出明暗两面，然后用你准备使用的色彩进行涂色。由于画面不大，内容简单，所以费时不多，你只需要5分钟就可完成，但是透过这

张色彩小稿，你却可以检验自己的配色思路是否得当，如果发现不恰当的色彩关系就可以在最终绘图时避免这种错误；如果小稿的色彩关系令你满意，那么你会更加自信。

配色的基本规律与色彩写生及色彩设计的注意点相同，这里再重复强调一些重要原则。

1. 绘图者涂色之前，应根据所设计的环境、氛围来决定一种主调色彩，使画面调和、统一。

2. 如果画面出现冷色与暖色面积相等的情况，那么画面并不协调。画面应以一种色调为主，如：画面暖色较多时，少用一点冷色；反之，冷色为主的画面则少用暖色，这样，画面就不会支离。

3. 画面出现对比色并置且面积相当时，不要使用饱和的颜色，可使用灰性色，或者用水将色彩冲淡后使用。

4. 同类色在应用时，它的浓淡色阶要使用大距离的推移法，淡色宜多，浓色要少一些。

5. 在画面上为较大面积的物体涂色时，如需用复杂的色彩，可使用连续着色的方法。不过各色的明度不宜相差悬殊，否则会出现紊乱的现象。

6. 一个画面的色彩漂亮与否是通过对比得来的。如果画面上完全使用漂亮的色彩，会产生支离破碎的感觉。比较有把握的作法是，在画面上大部分使用灰性色，以小部分明快的色彩做点缀，这样才能产生节奏明快、主题突出的视觉效果。

除了上述几点外，还有一个颇为实用的小方法来帮助大家解决色彩搭配的难题，建议在平常的练习过程中，我们可以有意识地进行色彩体系的归纳与整理，比如建立一个色彩关系和谐的色谱，可以以面积的大小对应在画面上的面积的多少。这种整理做得越多，在日后的应用过程中选择的余地就会越大。

单纯的色彩关系容易使画面产生和谐、统一的视觉效果。我们可以使用单色或同类色（含有同一色相的色彩被称为同类色，比如黄绿、中绿、粉绿、深绿等）来产生这种色彩关系。因为这些色彩之间色相对比度不大，所以在涂色时应注意拉开它们之间的明度。

36cm×47cm
中山植物园
作者：王里漾

王里漾 10.5.8

以蓝绿色调为主的画面。本图使用深浅、冷暖不同的绿色调组织画面，很好地表现了植物园绿意盎然的景象

36cm×47cm
南京1912步行街
作者：朱丹

2014.4.7 NanJing.

这是一张高明度色彩关系的画面。明亮色彩的组合使画面产生轻快感、透明感。在调色时，我们只要在色料中添加足够的清水就可以使各种颜色变得明亮。但是，如果所有色彩的明度都被提高，画面的黑白对比度就会被大大地削弱，这时，要注意利用部分暗部的色彩来平衡画面（比如在这幅画中，右侧的树丛和建筑屋檐以下的暗色处理），同时画面局部利用了红与绿的互补和黄紫互补的对比色关系将主体显现出来

壹贰年拾月玄武湖秋日.
2012.10.26.

36cm×47cm
玄武湖小木屋
作者：朱丹

这是以暖色系为主的画面。暖色易引人注目，使画面产生温暖、辉煌的视觉效果，在以表现秋天为背景的建筑表现图中，暖色发挥着重要的作用。浅玫瑰红与淡淡的蓝色相混合可产生十分美丽的色彩；橘黄与中黄可以取代赭石表现秋叶的灿烂而不会使画面产生"烧焦"感。此外，即使是在暖色为主的画面中，也可以小面积地使用一些偏冷的色彩形成弱对比，在本图中，前景的浅绿色水草与偏暖的中景形成对比，使画面产生深度感

32cm×24cm
水壶和梨
作者：朱丹

这是以冷色为主的画面。冷色会使人产生安宁、静谧、清淡的心理效果。在这张画中几乎所有的颜色都与蓝色或群青进行了一
定比例的调和，小面积使用了微暖的色调进行适当的调和。虽然这些颜色的处理与现实中的色彩关系不符合，但仍不失为理想
的色彩搭配

　　画面中如果对比色的比例势均力敌，那么这个画面的色彩关系就是对比关系。对比色色相反差大，相互衬托对比的效果明显，十分引人注目，也可以产生热烈、喧闹、时尚、快节奏之感。但是这种色彩关系却是不太容易把握的，稍微处理不当就会产生不和谐的观感。一般的解决之道是：第一，可以削弱其中某一色彩的纯度；第二，纯度不可降低时可改变其中一色的面积；第三，可以使两色之间分开一定的距离，而用其他的调和色彩做缓冲。

36cm×47cm
1912街区茶客
老站酒吧
作者：朱丹

这是一组补色——红色与绿色做对比的画面关系。在描绘过程中，通过降低红色的色彩纯度，从而达到视觉上的和谐。事实上，色彩互补的应用在水彩作品中屡见不鲜

5.3　笔触

　　笔触是许多人十分关心的问题，它是指笔在画面上留下的痕迹。一些人认为，一幅画的好坏完全集中在用笔是否漂亮，是否"帅气"，所以花费大量的精力去研究用笔的问题。当然，好的笔触可以反映画者的个人风格，增加画面的艺术性，为表现图添光加彩，但笔触并不是一个规定的"程式"，不可能存在一个完全不变的法则，每个人都可以根据自己的用笔习惯形成具有个人特点的笔触。同时，笔触的形成也与绘图工具有着极大的关联，水彩工具就与彩铅、马克笔所形成的笔触完全不同。彩铅的笔端较细，可以形成各种线状的笔触；马克笔的笔头形状规整，可以形成粗细一致的宽面；而水彩笔的笔端由软性毫毛组成，随着运笔的不同角度、轻重缓急会形成多种不同的笔触，这就增加了练习的复杂性，你必须尝试多种不同运笔方式的组合效果，如点染和平涂、拖线和洗染等，关键在于平时的多多练习和经验的积累。

　　水彩有时也可以摹仿出马克笔的笔触效果。具体方法是：使用中号或小号的平头水粉笔利用干画法整齐地平拉出粗细相同的线条。笔触的宽度与你所使用的水粉笔的笔头宽度相同，也可将笔锋侧过来拉出较窄的线。这种笔触也存在一定的缺点：两端难以收整齐，如果使用遮盖液作辅助，效果要好一些。其次，前后笔触之间必须稍有停顿，使前一笔略干，或者两笔触间略微空开一些，否则两个笔触就会相互融合。

水彩用笔模仿马克笔的效果，展现出一种高反光或金属的质感

模仿马克笔干画法的局部放大图

　　砖瓦的质感比较特殊，我们也可以通过具体的笔触来体现它们的特点。因这两种材质通常都是小块整齐排列的，这时可以使用小号水彩笔调出颜色后整齐地点状排列。屋瓦通常以侧点为主，而砖墙最好在点染之前先铺上一层底色，待底色干后根据砖的大小用笔画出平头的短小笔触，在最后阶段有时也可以用深色调勾画出砖缝。

屋顶瓦片的点状笔触示例

砖石的表现方法

5.4 水彩速写范例

32cm×24cm
北极阁广场小景
作者：朱丹

现场中最令人印象深刻的便是台阶两侧丰富的绿化，这便形成了该幅画面的主题。在处理手法上用了线面结合的方式，部分笔触用宽头水彩笔模仿马克的效果，使自然物与人工物区别开来

32cm×24cm
鼓浪屿一瞥
作者：朱丹

这幅画是在非常短的时间内完成的，想要表现绿树成荫的花园中，园门在阳光下干净清透的样子。画面中使用了大笔触来处理树荫和投影，只在局部使用小笔触刻画细节。色彩关系上以清透为主

32cm×24cm
蓝枪鱼酒吧
作者：朱丹

半圆形的门罩很有体量感。色彩上红色、蓝色、绿色的对比关系也比较吸引人。在描绘中，刻意加强了光线在门洞下和墙面上产生的投影，进一步突出了体积关系

32cm×24cm
苏州大学办公
楼大门
作者：朱丹

门洞中的卷门层层递进，使门洞内形成了向内进深的空间。用微妙的色彩对比关系展现出这一进深是画面想要表达的重点之一。树木枝条的伸展方向包裹门洞，起到烘托掩映的作用

36cm×47cm
环洲之春
作者：朱丹

表现春季万物复苏的场景，层层叠叠的植物是描绘重点

36cm×47cm
明城汇初春
作者：朱丹

着重描绘了小木屋，在钢笔线条的阶段就对木材的质感进行了描绘，上色时只要用大笔触轻松处理就可以了

二零一零秋于梅庵外

芭蕉的叶片宽大且重叠，要区别出叶片的前后关系就不能将所有的叶片都画成碧绿一片。在描绘中用绿色与其他颜色调和成丰富的复色关系，也可以用红、橙、紫作并置对比，深色的部分要果断地压下去，以获得明确的前后关系

36cm×47cm
芭蕉树
作者：朱丹

32cm×24cm
紫藤花架
作者：朱丹

藤条、枝蔓是紫藤的特点。在非花期，可用藤蔓的效果来突出这一植物的特征。细小的笔触用来表现植物叶片的特点，具有蓬松感。但须注意不要全部使用小笔触，而是应该在大面积铺色的基础上作点缀

36cm×47cm
林间咖啡屋
作者：朱丹

先用湿画法画远景，用留白的方式来处理远景的树干可以使远处的树不会过于前跳。建筑原本是由灰色石头与红砖组成的。在描绘时弱化了青砖的色彩，让树木的投影在建筑的墙面上显现，这样既表现了阳光照射的感觉，又使建筑和背景的树冠形成明度上的反差，这就是我们在绘画时主动处理色彩、干预色彩的常用方式

36cm×47cm
翠洲木屋
作者：朱丹

玻璃具有高反光且透明的特征，因此用颜色处理玻璃时一般是天空颜色加上室内灯光颜色。同时注意加强明暗对比。若能透过玻璃看见室内场景，最好也要做适当的表现

36cm×47cm
古生物研究所
作者：朱丹

这张画对树叶的色彩进行了夸张的处理，画面因而呈现出一种特殊的氛围。有时我们为了达到某种视觉效果，可以加入主观要素

36cm×47cm
鼓浪屿天主教堂
作者：朱丹

这所教堂所呈现出来的童话气质让我选择了用正立面的视角来构图，前景的三棵棕榈树暗示了景深，撑高了画面，同时又打破了横向构图带来的拘谨感，使画面产生一种静中带动的感觉。画面整体以左右对称的形式为主，细节方面略有对比，以达到一种神秘、宁静的视觉效果

32cm×24cm
鼓浪屿教堂入口
作者：朱丹

教堂入口处繁复的浮雕花纹具有装饰感。教堂表面白色的大理石在阳光下显得非常明亮、耀眼，与阴暗的教堂内部形成明显的反差。为了表现这中材质的纯净感，右侧墙上的投影处理得比较轻透，与入口内部的暗色形成强烈的反差

32cm×24cm
绿意
作者：朱丹

这张画描绘的主体是一棵姿态优美的树。画面省去了所有不必要的细节，使主体物更突出。树干的姿态与树叶在阳光下呈现出丰富的色彩变化是重点。在颜色的使用上，利用了很多对比的要素，如淡淡的玫瑰茜红与绿色的对比、粉绿与黄绿的冷暖对比等

32cm×24cm
微醺的夏天
作者：朱丹

逆光的效果可以在描绘物的周边以明亮的白色边缘来表现。在上色时可以先试用留白液遮盖这些部分；或者小心地留出纸张的底色，不要覆盖它们。这张画的背景用大笔触、暗色调来衬托色彩较为纯净的前景，那些深色的薰衣草与背景的色彩相互呼应，平衡了画面

32cm×24cm
墙角的紫茎草
作者：朱丹

绿色与多种色相混合后产生了不同的间色，它们之间形成了多样化的对比关系，使得画面形成阳光灿烂、色彩丰富的视觉感受

36cm×47cm
明月亭
作者：朱丹

树叶的笔触轻松、自然，疏密得当。屋顶受光面的颜色处理稍显沉重，如有留白会产生透气感

32cm×24cm
樱洲速写
作者：朱丹

在处理浅色主体物时，一般都使用留白的方式。主体物周围的颜色可以略微画深一些，从而加强黑白明暗的对比关系，或者如本图这样使用绿与橙的冷暖对比相互衬托。本图以大笔触为主，故意忽略配景中的细节，是一种写意的画法

32cm×24cm
多景阁
作者：刘筱丹

画面色彩丰富，用笔轻快。但笔法稍显单一，斜点法使用过多，且建筑物部分透视有误，如若稍加修改会更加耐看

32cm×24cm
北极阁后山门
作者：朱丹

图为雨中描绘的场景，由于空气湿润，无法做更深入的刻画，但最后的表现效果仍很好地表现了当时的氛围

36cm×47cm
玄武门花神庙
作者：朱扬扬

树叶的画法轻松、自然，有大写意的风格。庭院圆门内的一抹红色使画面产生了趣味中心，同时也平衡了画面的色彩冷暖
关系

第6章　水彩快速表现在建筑快图中的应用

6.1　总平面图的水彩快速表现

　　总平面图是表明建筑总体布置情况的图，它是在建设基地的地形图上，把已有的、新建的和拟建的建筑物、道路、绿化等按与地形图同样比例绘制出来的平面图。平面图主要表明新建筑的平面形状、道路、绿化、自然环境的布置情况，并表明原有建筑、道路、绿化等和新建筑的相互关系及环境保护方面的要求等。

　　由于建设工程的性质、规模及所在基地的地形、地貌的不同，建筑总平面图可以分成两类，一种是处于自然环境之中；另一种是处于城市或人工环境之中。前者的表现重点在于建筑物与自然环境之间的有机联系，所涉及的内容包括山川、湖泊、植物等；后者的表现重点则是新老建筑之间的关系，所涉及的内容主要是已经建成的建筑物或街道、广场、道路、绿化等人工设施。此外，还有一种总平面图主要表现群体的组合关系，例如各类公共建筑群的规划或居住区的规划等。

　　在总平面图中虽然表现范围大，涉及内容多，但新设计的建筑应是表现的主体，在画面中要占据突出的地位，这样，才能层次清晰、主从分明。一般地说，突出新建筑的方法有以下几种。

　　1. 使新建筑的轮廓线明显粗于其他线条。

　　2. 借助建筑物的阴影在总平面图中表现出三度空间的立体感，一般

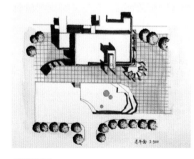

总平面图

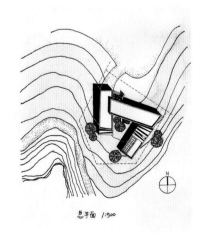

总平面图图例

光源投射的水平投影按45°角考虑，垂直投影却不一定限于45°角（注意：画面中所有的投影关系都应与光源保持一致）。

3. 借助色彩对比突出主体建筑。比如，在总平面图中使主体建筑呈深色调，或是只为建筑周围环境涂色而留出主体建筑，也可以用鲜艳的色彩涂主体建筑，以灰色表现周围环境。

道路系统是总平面图中需要突出的第二个重要内容。总平面图中的道路系统通常借绿化的衬托而得以显现。只要表现出绿化，道路系统便随之出现。

在表现自然环境中的建筑物时，有时可能还要表现较大范围的地形、地貌，如山川、河流等。地形起伏的

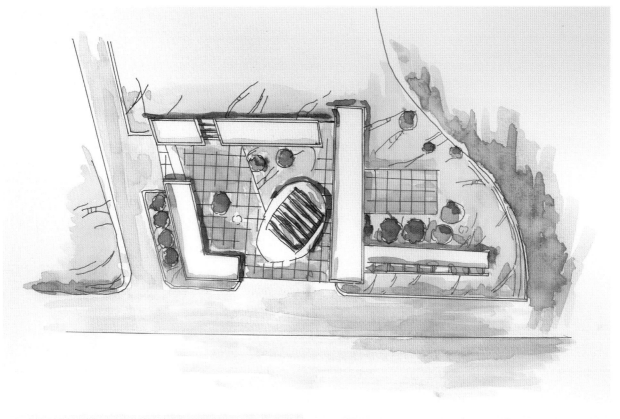

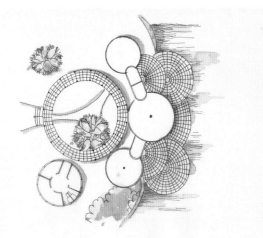

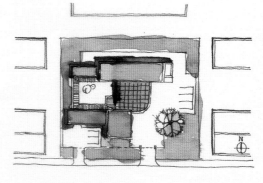

总平面图水彩表现图例

山地可以借等高线来表现地面的凹凸起伏。等高线不仅回环曲折而且又充满了疏密的对比变化，往往可以借助它不规则的形状而活跃画面构图的气氛，为此，应将它尽可能地显现出来，而不要用稠密的绿化加以覆盖。

6.2　平面图的水彩快速表现

假想用一水平剖切面沿门窗洞的位置将房屋剖切后，对剖切面以下部分作出的水平剖面图，即为建筑平面图，简称平面图。它反映房屋的平面形状、大小和房间的布置，墙（柱）的位置、厚度和材料，门窗的类型等。一般来说，房屋有几层，就应画出几个平面图，并在图的下方注明相应的图名，如底层平面图、二层平面图等。

在各层平面图中，首层平面连同其外部的环境在整个表现图中占有特殊的重要地位，因此首层平面图往往被当成画面构图的重点，在画幅中占有较大的面积。

平面图的内容包括房间划分、墙的位置、墙的厚薄、门窗开口位置、门窗的宽窄、楼梯的处理、地面处理等，有时也可表现内部的家具陈设。首层平面图还要包括室外的环境，如庭院、绿化、道路、铺面等。

表现平面图时，第一步要确定房间的划分（开间的进深或网柱的排列），然后表现墙的厚薄，接着画出

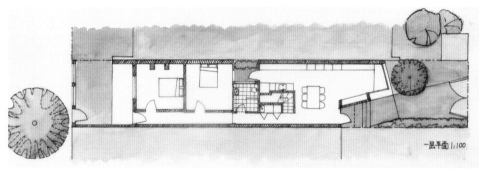

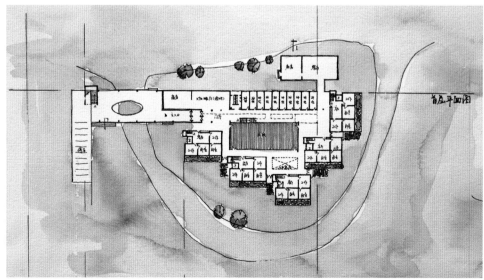

首层平面图的水彩表现

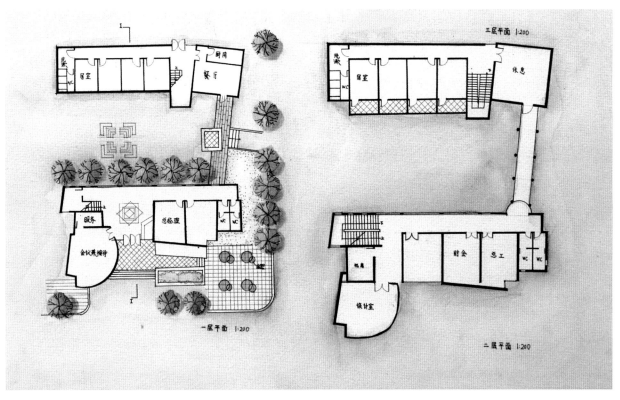

一层、二层平面图的水彩表现

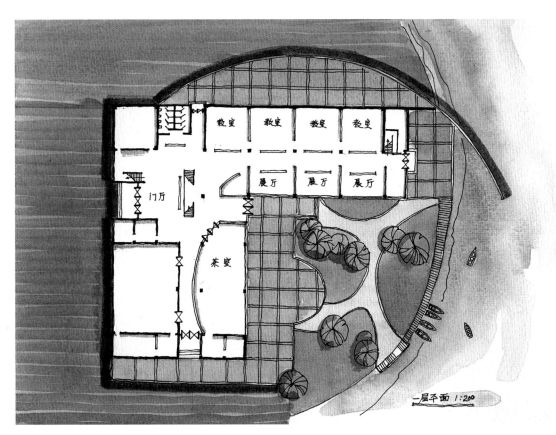

一层平面图的水彩表现

门窗开口位置及其宽窄，最后是地面的处理，即表现出各种铺面的材料。平面图线稿确定后，再用水彩进行渲染。常用的方法是以淡彩表现室外的环境而不表现平面，以此衬托平面图形。

　　在以表现室内布置为主的平面图中，室内的家具和陈设也是表现的重点，所以对室内的家具和陈设也可适当上色。需要注意的是，要画对家具陈设的尺寸，错误的尺寸会影响整个画面的尺度感。其次，家具与陈设最好用细线来表示，这样才能与厚实的墙面形成对比，如果用线过粗，整个画面会显得笨拙。

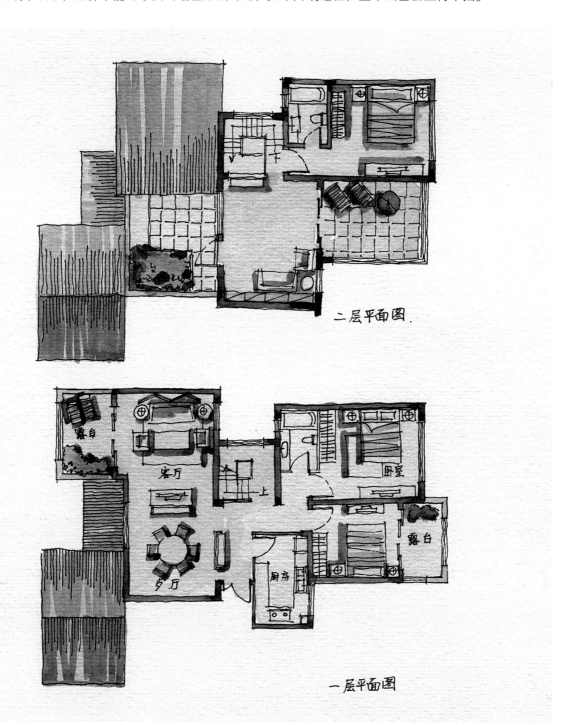

表现室内布置的平面图

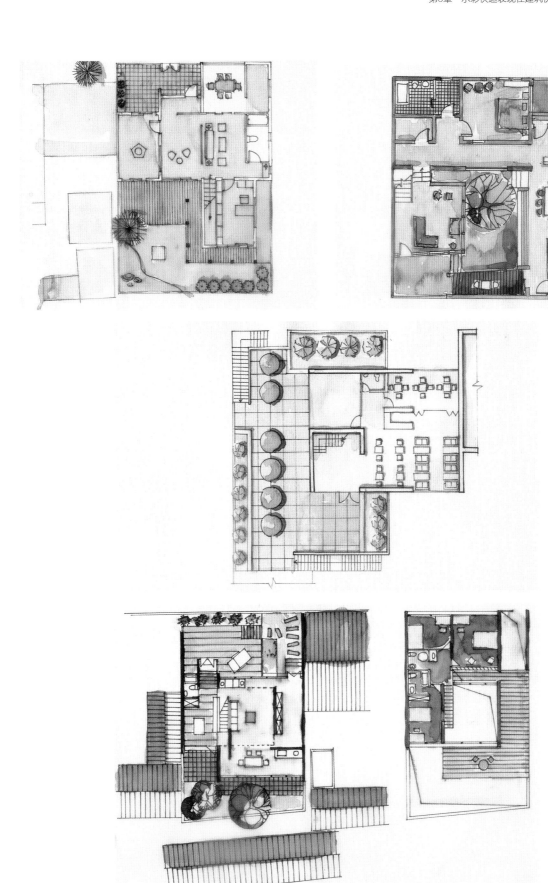

各种平面图的水彩表现

　　室外环境大体上包括道路、铺面、露台、山石、草坪、树木、花台、水池及各种建筑景观小品。其中，道路和绿化在一般情况下决定着整个画面的基调。道路一般用留白来表示，绿化的色调一般多采用较深的绿色来表现。树作为绿化的一个重要部分要与其他绿化有一定的对比，所以色彩上可以使用较浅的绿，然后再用深色勾画出树的投影。平面图上的树一般采用抽象和概括的方法来表现，其外轮廓呈圆形或多边形，枝干组织几近于一种图案或符号。在同一张平面图上表现树的手法应统一且简繁有别，如果为了追求变化而过多使用各种表现树的方法，反而会使画面显得混乱。

　　广场、露台等地面需要以铺面的形式来表现。通常使用划分格子的方法来表现，格子的大小反映出铺面材料的大小，一般排列整齐。但是，在庭园中，某些铺面会采用天然的乱石来拼合，也有用木板来铺设地面的，表现时要根据具体情况分别对待。

　　相对于建筑平面图，景观平面图主要表现的是环境方面的内容。各种园林绿化、地面的处理、水池或湖泊、景观小品等都需要详细地表现出来，所以在水彩渲染时，我们可以采用重彩的方式，即涂色时颜料不需要过分地被水冲淡而显示出一种强烈的色彩关系的画法。

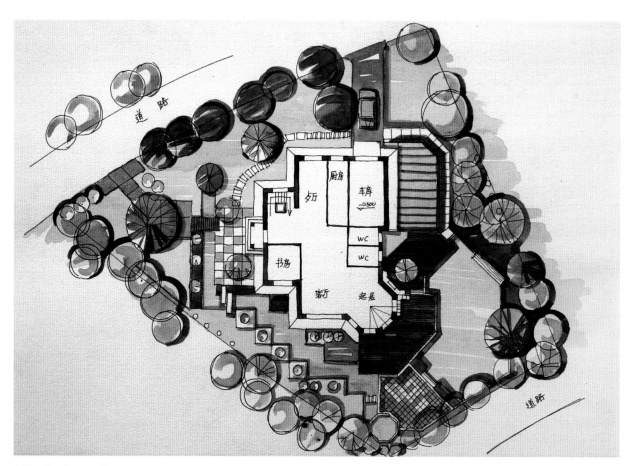

以景观为主的平面图表现

以景观为主的平面图水彩表现

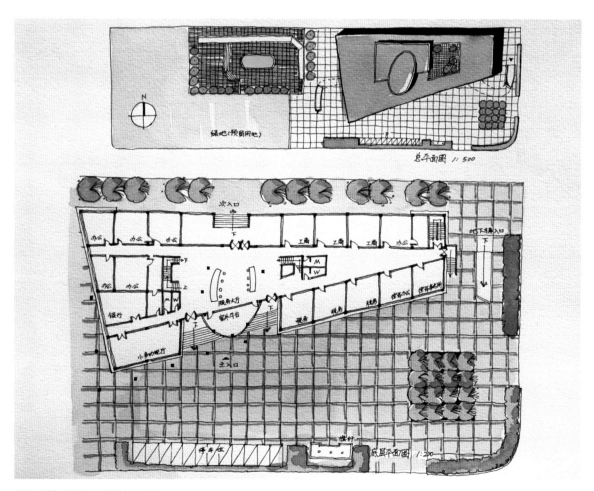

总平面图与首层平面图的水彩表现

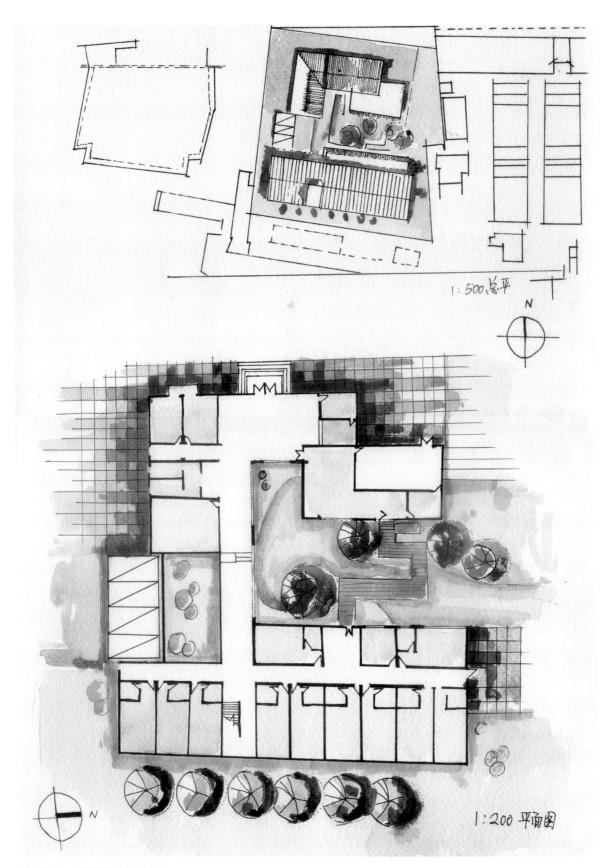

1:500 总平

1:200 平面图

总平面图与一层平面图的水彩表现

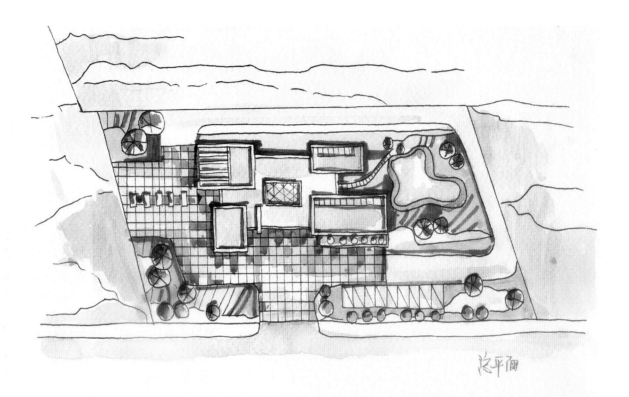

总平面图与一层平面图的水彩表现

6.3 立面与剖面的快速表现

1. 立面图的水彩表现

在与房屋立面平行的投影面上所作房屋的正投影图，称为建筑立面图，简称立面图。其中反映主要出入口或比较显著地反映出房屋外貌特征的那一面的立面图，称为正立面图，其余的立面图相应地称为背立面图和侧立面图。通常也按房屋的朝向来命名，如南立面图、北立面图、东立面图、西立面图等。

立面图表现效果的好坏主要由以下几个方面来决定：第一，凹凸层次；第二，光影表现；第三，虚实关系；第四，色彩搭配；第五，质感表现。

表现立面时，首先利用尺规等工具或是徒手画出立面的内外轮廓。外轮廓线应用稍粗的线条来表现，内部凹凸转折或结构用较细的线条来表现，最后表现建筑材料的质感，如饰面材料的分格线、清水砖墙的砖缝等。当立面图上门窗面积很小的时候，一般用长方形来代替，窗玻璃用与天空色彩一致的色调来填涂，有的还用斜线表现窗玻璃的反光。

立面图上的天空、树、人等背景多用图案化的表现方法，一般用淡彩表现背景，从而衬托建筑的立面。

有时，因构图的需要，几个不同方向的立面被画在了同一个地平线上，它们之间可以用连绵起伏的远山、树丛、灌木等相互连接起来，以增加视觉上的统一感，也可以使画面显得规整。有时，我们可以只用色彩渲染周围的景观而留白建筑立面，这样既节约画图的时间又具有很好的对比衬托效果。当然，如果建筑立面本身的色彩是设计重点的话，即使时间再紧张，我们也必须表现它。

建筑立面的水彩表现图例

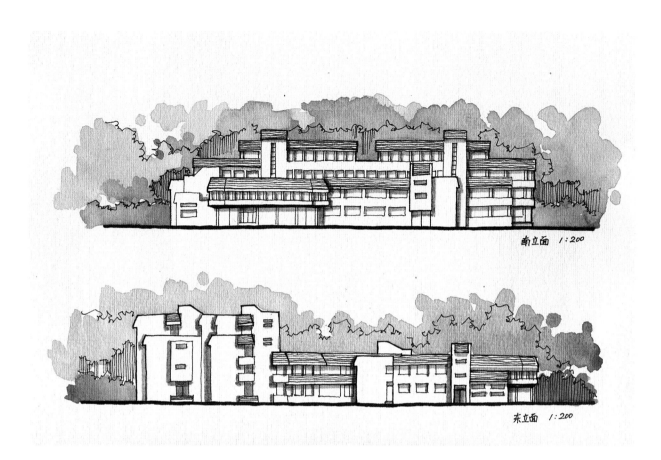

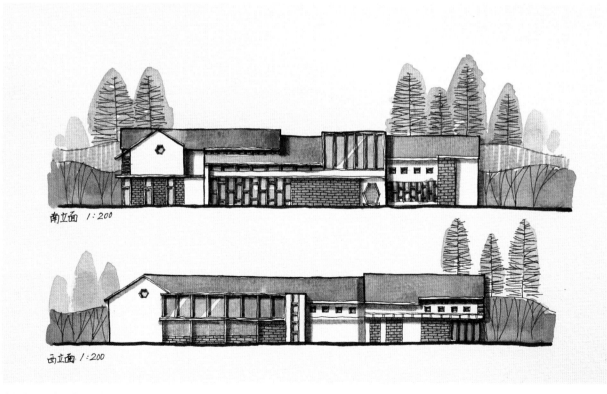

建筑立面的水彩表现图例

东立面1:200

剖面1:200

南立面1:200

立面与剖面的水彩表现图例

2. 剖面的水彩表现

　　假想用一个或多个垂直于外墙轴线的铅垂剖切面将房屋剖开，所得的投影图称为建筑剖面图，简称剖面图。剖面图表示房屋内部的结构或构造形式、分层情况和各部位的联系、材料及其高度等，是与平、立面图相互配合的重要图样。剖切面一般横向，即平行于侧面，必要时也可纵向，即平行于正面。

　　与平面图相比，剖面图是有局限性的，因为平面图基本上可以把同一层内所有的房间都表现出来，而剖面图只能表现其中的一个部分房间，为此必须针对每个设计方案的特点来选择合适的剖断线，即选择能反映出房屋内部构造比较复杂与典型的部位来剖切。例如在对称布局的建筑中，由于主要空间一般沿中轴线展开，所以沿中轴线切开的剖面可以充分地反映出内部空间处理的精华所在。对于不对称的建筑，一般选择能同时反映出建筑的主要入口、主要楼梯、主要厅室之间的相互关系的部位进行剖切。当然也有只通过一个剖面图很难展示出建筑内部空间序列全貌的情况，这时，除主要剖面外也必须增加若干个辅助的剖面。

　　在剖面图中，剖断线起着界定空间范围与周界的作用，通常以较粗的线来表现。在比例尺较小的情况下，这样的线本身就代表着楼板的厚度或是墙的厚度，因此两侧都起着界定空间的作用，所以必须按照设计意图表现出凹凸转折的变化。

　　有时，剖面图与立面图也可以画在同一地平线上，放在一个横向长卷构图中。它们之间以树木、远山等背景相联系。这样可以形成较为整体、统一的视觉效果。

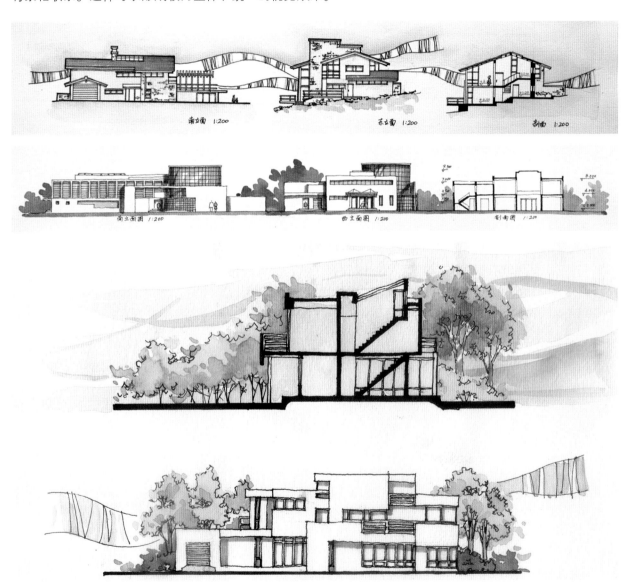

立面、剖面结合的水彩表现图例

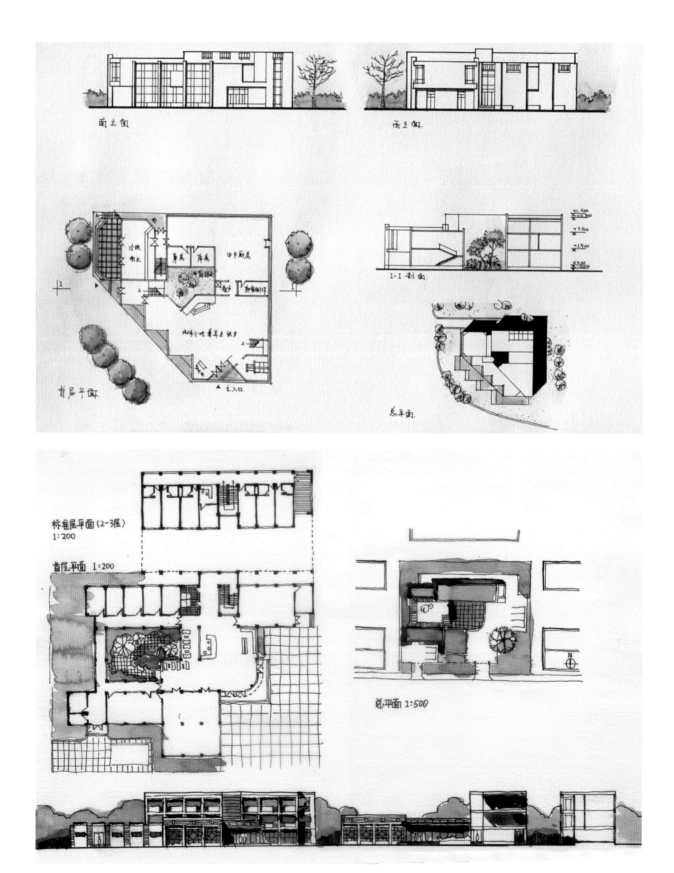

平面、立面、剖面放在一起的水彩表现图例

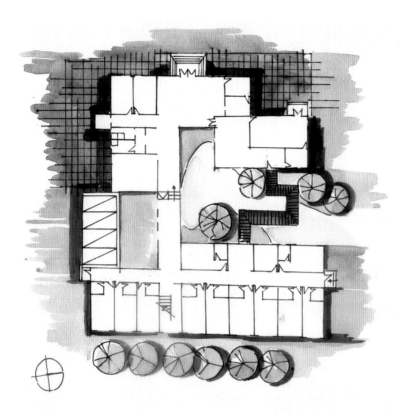

平面、立面、剖面放在同一张图中的水彩表现图例

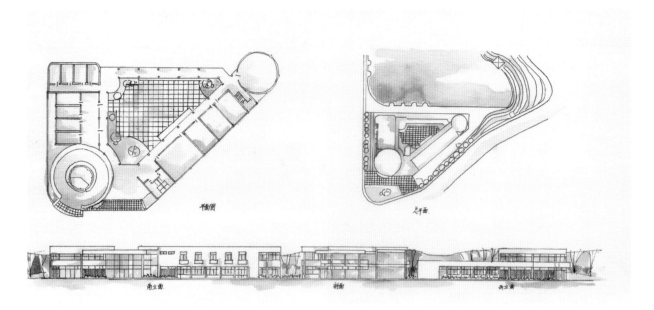

平面、立面、剖面在一张图中的水彩表现图例

6.4 建筑透视图的水彩快速表现

透视图可以更直观地反映出人们在日常生活中所观察到的建筑形象，所以建筑透视的快图看起来与建筑速写颇为相似。然而，建筑透视图的快速表现与建筑速写其实是两回事，它们之间具有很大的差别。速写是描绘客观存在的场景，是一种就景画景的过程，虽然在描绘过程中也存在一定的取舍，但总体来说，描绘是有据可依的，而建筑表现图是对设计构思的一种说明，是凭空画出设计者脑海中的想象，所绘建筑物在现实生活中并没有真实地存在，所以存在着"设想"＋"描绘"＋"美化"的过程。因不具备可供观察的现实中的对象，为了更为准确地描绘，我们在正式画图之前需要描绘一个简单的草图。这个草图包括主体建筑的基本形体、比例关系、门窗的大小与位置等。草图的用线较为简单，也无须画出过多的细节。根据这张草图，接下来我们就可以进入下一步——钢笔线稿的描绘。此时，一些建筑的细节，如墙体的质感、树木、人物、车辆等配景都可以适当添加进去。在这张图中，建筑物的透视关系是否准确显得十分重要，如果透视关系不对，就会丧失好图的基本条件，当然透视既不能失真又不能过分对称。比较常用的透视的视高一般以正常人的视高为准，这样比较符合日常生活中人们观察到的建筑真实的透视状态，而俯视和仰视也可以出现在特殊的场合，用来表达设计的特殊目的。在徒手画线不太有把握的情况下，钢笔线稿图也可以使用尺规等辅助工具，从而使绘图者对线条和形体更有把握。

在线描稿的基础上用水彩等工具涂色，一方面可以表现出建筑形体的明暗关系，增加画面立体感，另一方面色彩可使画面更生动、更丰富。

建筑透视图的水彩表现

游船码头的水彩快速表现

建筑透视图的水彩表现（局部）

　　快速表现图展现的是设计者的构思与设想，一般认为，画面应以表现出这种设想的真实效果为佳。但是，有时我们会发现一些好的表现图在反映真实的同时还具有一定程度的"美化"，这种"美化"效果使画面更具艺术性，这就是画面的装饰趣味。适当使用装饰效果，会使你的表现图脱颖而出，产生画龙点睛的效果。

　　装饰性手法是多样的，从色彩的角度说，一些画面可尽量简化色彩的冷暖和补色变化，仅在同一色系中追求简洁、单纯的色彩效果。如画面上天空与地面同色，或者天空、地面与主体物都采用同色系，在此基础上，画面的局部（如人物、交通工具、建筑的屋顶等面积较小的部分）点缀以醒目的鲜亮色彩，在素净的色调中制造一个色彩的中心。有时，我们也可以根据画面需要，主观臆造一些色彩，使画面上的天空、地面、水面等场景夸张地画成与事实不相符的色彩，由于这些场景的面

建筑透视图的水彩快速表现

建筑透视图的水彩快速表现

2014. 1. 28 咖啡馆大门

咖啡馆大门的水彩快速表现

　　描绘闹市中的休闲茶座和酒吧时，远景中应添加一些高层建筑，此外汽车、电话亭、灯箱、造型别致的路灯、花草景观、时尚男女等也可增加此类题材的都市气息。

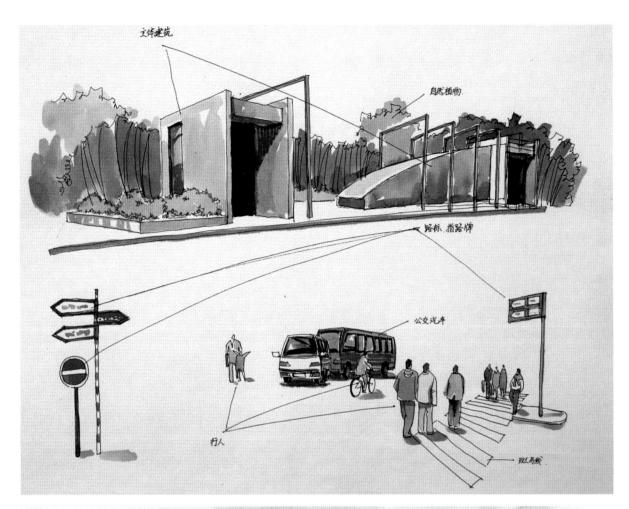

这是表现街道边地铁出入口的透视图，所以人行斑马线、交通指示牌、各种车辆、行人都是很适合的烘托氛围的工具。行人的运动方向朝向主体建筑，起到引导观者视线的作用

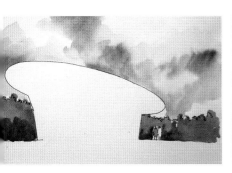

远景

中景

近景

建筑透视图的三个景深

积较大，可以有效地通过色彩表现设计者的情绪和画面的氛围。也有些画面可以采用色彩学中的补色原理，在画面上作大面积的色彩对比，这种对比，主要是以大片的天、地、主体物作对比，以此取得强烈的色彩视觉刺激。上述这些用色手法都是为了利用色彩能起到的某些抽象概念，显示画面的装饰趣味。

用来美化透视图的配景并不是杂乱无章地随意放置的，它们也必须按一定的景深关系有序排列。一般而言，远景可以由天空、远山、远树等物体组成；中景配置一些成簇的树木、较为简单的抽象人物等；近景可以由描绘较为具体的树木、灌木、人物、交通工具等组成。需要注意的是，一般建筑主体都放在中景的位置上，所以近景不宜繁杂，以免产生喧宾夺主之感。

建筑透视图的水彩快速表现

　　远山、树木、花草灌木、岩石等自然景观是描绘公园场景中频频使用的配景，三三两两的游人穿插其中丰富了构图，如果可以的话，加上公园中特有的指路牌或是长椅也是不错的选择。

景观透视图的水彩快速表现

　　从构图的角度说，丰富和美化的另一个重要方面就是搭配合适的配景。如何根据实际需要选择合适的配景并把它们组织起来放在画面适当的位置上是需要我们考虑和设计的重要内容。最重要的一点：什么环境用什么配景。比如表现公园中的建筑应多组织一些花草树木、远山湖泊，而不应该出现大量汽车；反之，若是建筑物处在繁忙的闹市，那么多画一些交通工具和道路指示牌也是相得益彰的，如果出现远山、飞鸟反而会产生不适感。其次，推敲一下画面的意境，是想表达宁静？喧闹？空旷？或者其他？应根据意境来确定配景数量的多少及它们的位置关系。

建筑透视图的水彩快速表现

游艇码头的水彩快速表现

6.5 建筑水彩快速表现范例

资料来源：龙成. 世界名家建筑画表现技法300例［M］. 哈尔滨：哈尔滨出版社，1992.

作者：中村胜日

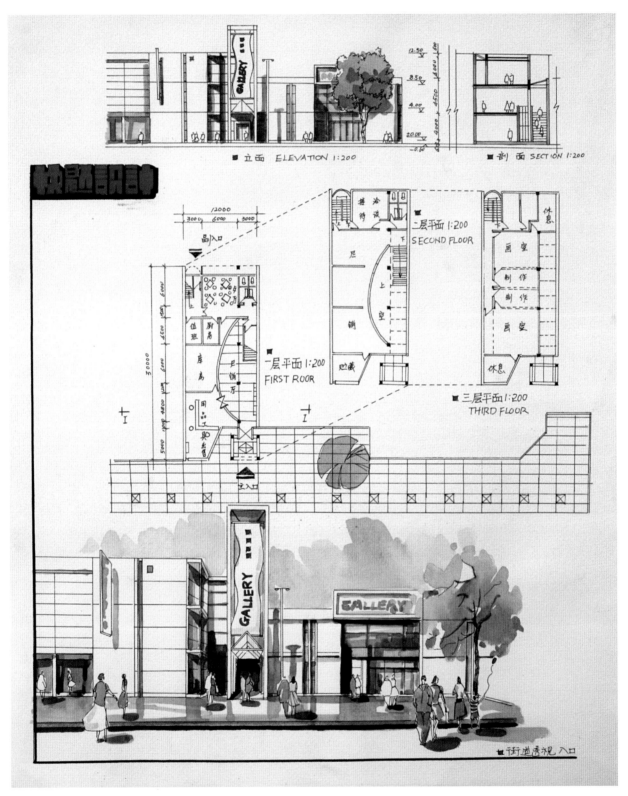

■ 立面 ELEVATION 1:200

■ 剖面 SECTION 1:200

副入口

一层平面 1:200
FIRST ROOR

二层平面 1:200
SECOND FLOOR

三层平面 1:200
THIRD FLOOR

■ 街道透视 入口

这是一种常规的构图方式，将主体建筑透图视放在画面的主要位置，其他要素依次展开。节奏清晰，思路清楚

作者：朱丹

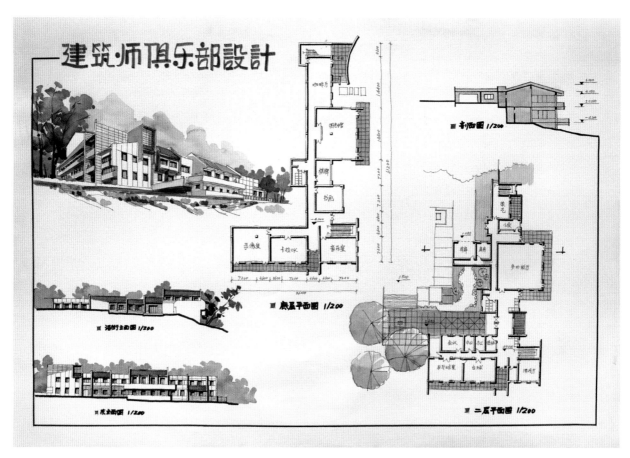

一层平面图与环境结合比较紧密，所以做重点的描绘，将之与透视图放置在画面对角两侧，突出其重要性　　　　　　　　　作者：朱丹

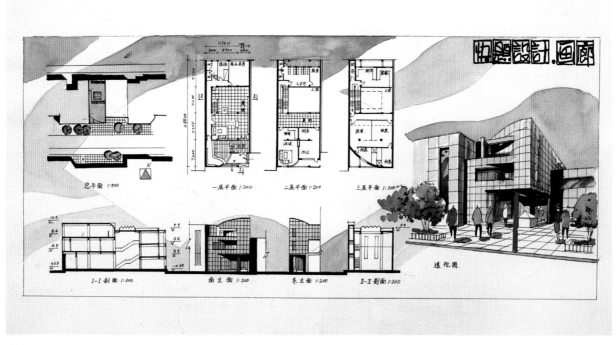

扁长的构图，采用绘制底色的方法来形成视觉效果的统一。水彩在渲染较大面积时，比较方便　　　　　　　　　作者：朱丹

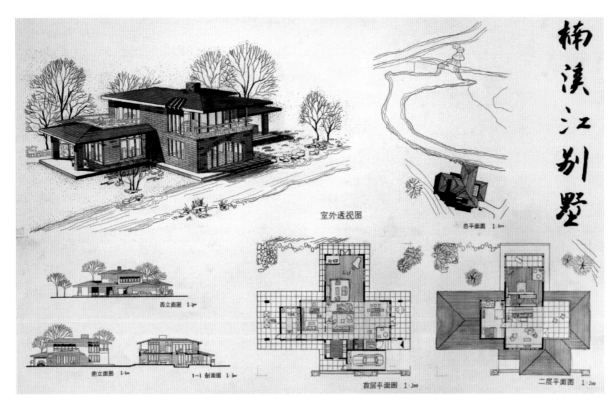

本图为横构图，钢笔线条清晰流畅，淡淡施色于墙面等需要突出的部位，使观众能快速捕捉到画面要点　　　　作者：吴冰璐

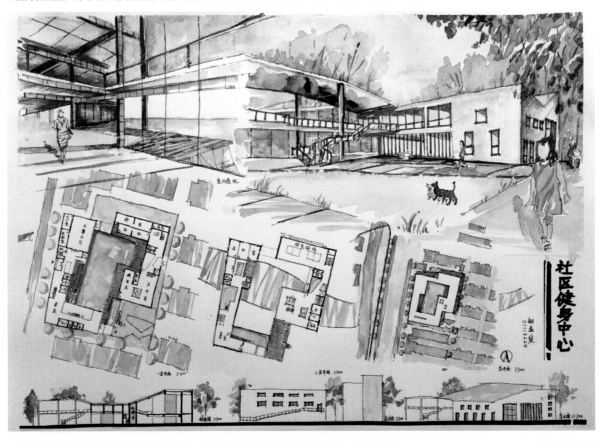

画面巧妙地将室内透视与室外透视结合起来，构图进行了精心的考量，重点突出，层次分明　　　　作者：钮益斐

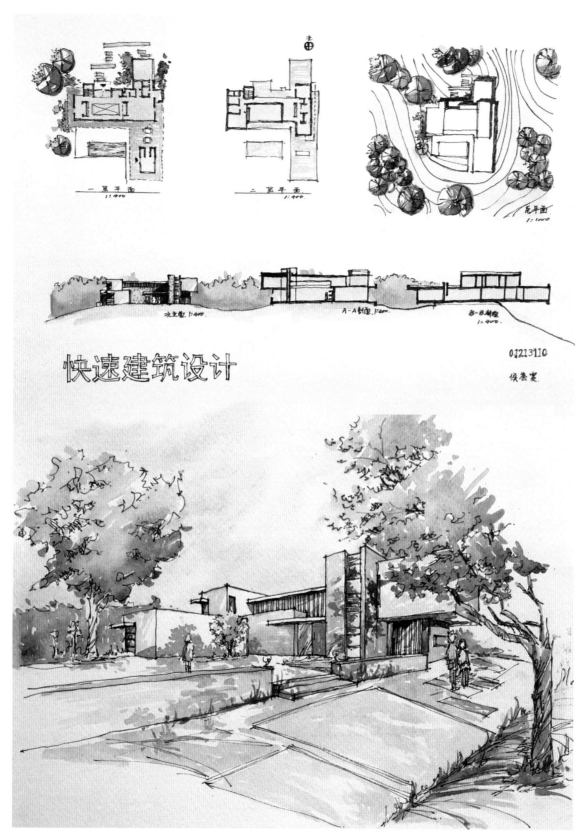

本图笔触轻松，色彩明快。平面图的部分表现较好，在立面与剖面图的描绘中，背景的树木还可以再深入刻画　　　　作者：侯荟雯
一下。透视图中，部分地面透视失真，有些翻翘

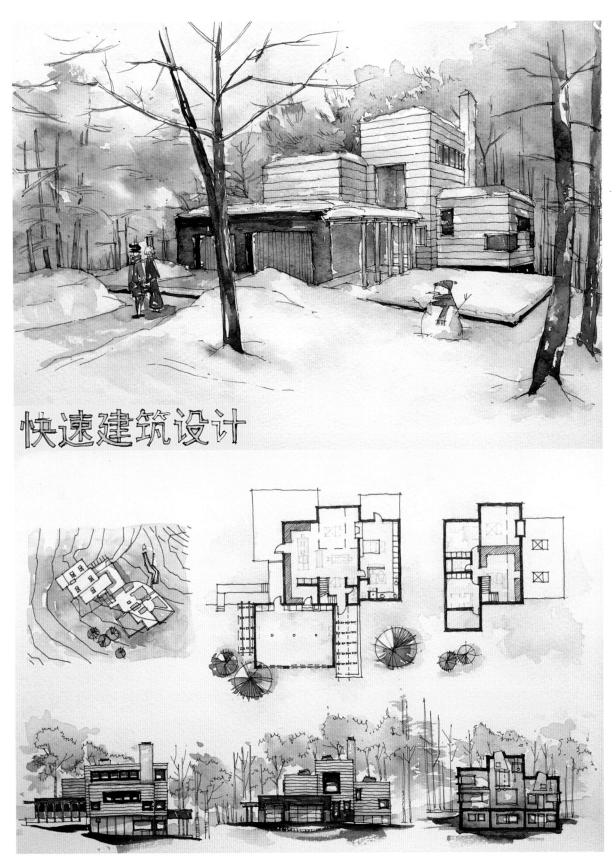

快速建筑设计

雪天的场景描绘得比较到位，立面与剖面的背景树非常生动。缺点是用色略显灰暗

作者：崔家宁

采用了独特的构图方式，画面看起来更加融于一体，整体感强。画面色彩对比关系好，主体突出　　　　　　作者：**曹蔚祎**

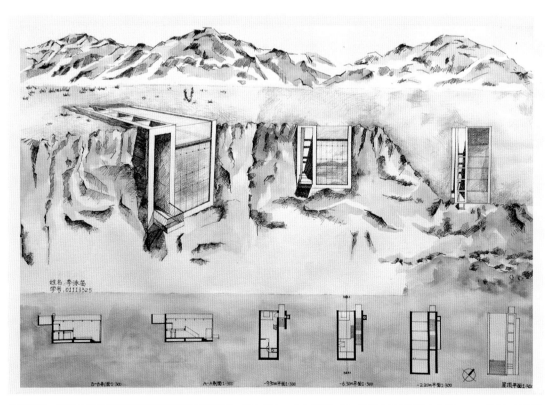

色彩雅致，别出心裁地将立面与建筑透视图画在了同一块山崖上，令人眼前一亮。不足之处是部分山体笔　　　　作者：**李泳笛**
触感稍显突兀，平面图底色渲染不够均匀

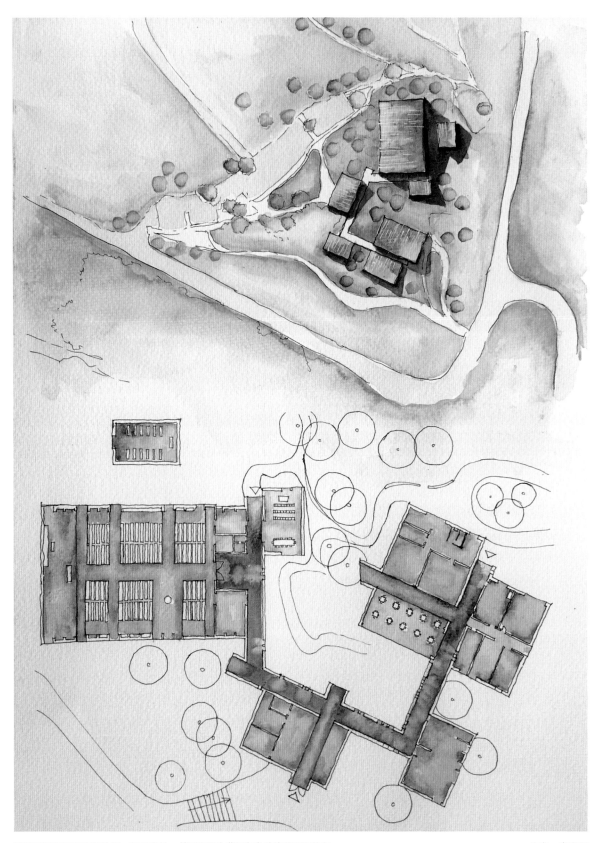

建筑平面图构图比较合理，不足之处：总平面图上背景灰色渲染略显不均匀

作者：高寒玉

建筑立面图的水色融合产生了水墨画的意境

作者：高寒玉

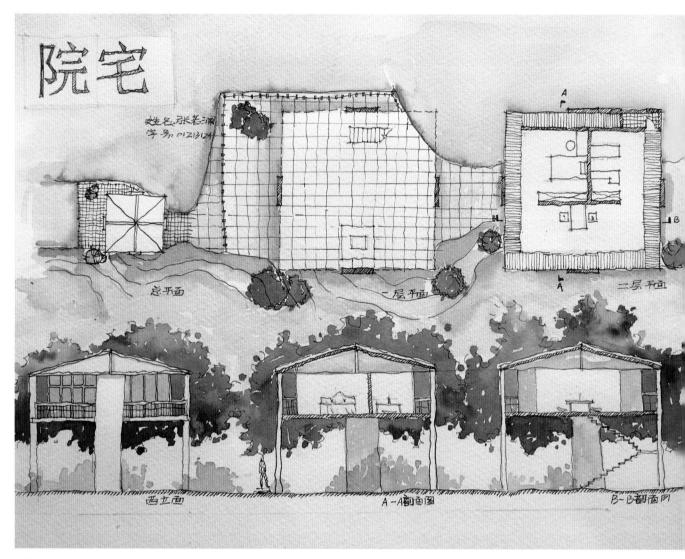

长卷式的构图较有新意，色彩丰富，色调和谐，展现出浓浓的秋意。对于主体建筑的色彩比较单一的透视图来说，加强背景的色彩饱和度能有效地突出主体。本图提供了一个很好的范例。不过，局部某些线条画得不直，稍显不足

外部透视

作者：张若澜

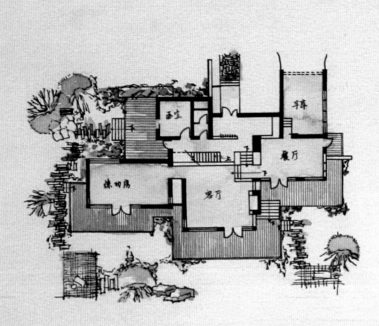

卧室

书房

餐厅

洗衣房

客厅

一层平面 1:200

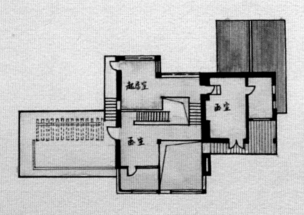

起居室

卧室

卧室

二层平面 1:200

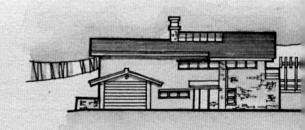

快速建筑设计——别墅

淡彩的描绘方法展现出一气呵成的速度感，对水彩描绘基本功要求较高

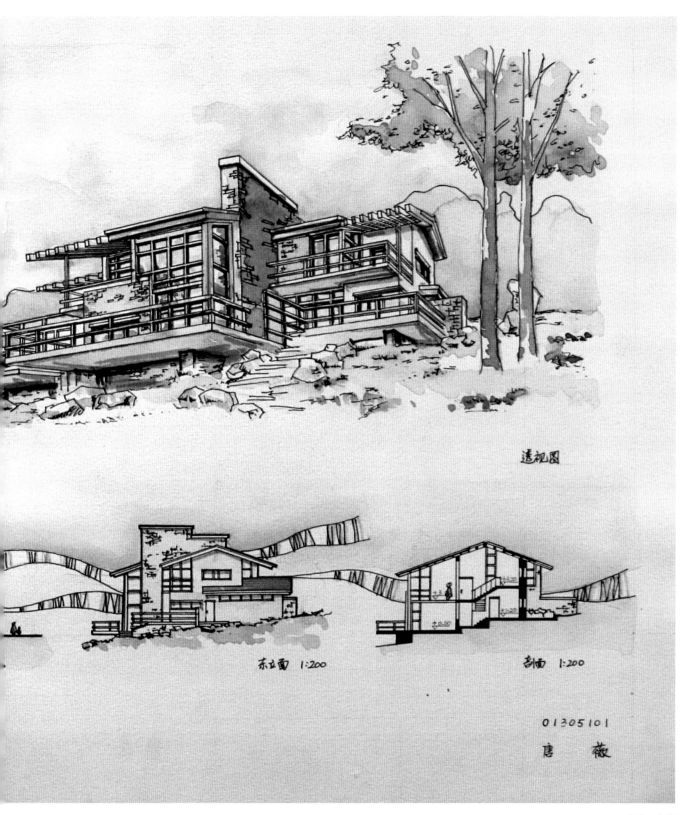

透视图

东立面 1:200   剖面 1:200

01305101

唐 薇

作者：唐薇

这套图配色雅致，水色渲染的感觉比较到位。在透视图的表现上先使用了蜡笔来描绘冬天积雪的树木，然后再敷以水彩，这种特殊的技法使用比较合适。玻璃上对于周围场景的反光使建筑处于环境之中，与环境相互呼应

作者：高寒玉

参考文献

［1］（英）约翰·里德锡，等. 水彩画疑难问题解决方案[M].
杜阴珠译. 太原：山西人民出版社，2005.

［2］龙成. 世界名家建筑画表现技法300例[M]. 哈尔滨：哈尔
滨出版社，1992.

［3］方晓珊. 东大建筑50年学生水彩精品收集[M]. 南京：东南
大学出版社，2007.

［4］（F）Fabric Moireau. *Gardens of Paris*. First publish in
English in 2007.

［5］Louis Vuitton 水彩行走[J]. 青年视觉，2002（12）.

致 谢

　　早有将教学中对水彩快图教学心得结集出版的打算，感谢中国电力出版社的王倩编辑协助我们完成这个有意义的工作，这使得我能够对自己将近20年的建筑美术教学进行有序的整理和深入的思考；感谢教研室的前辈们，是他们为我们保留了精美的往届学长们的优秀画作，那些精致、严谨的水彩作品堪与艺术家媲美，在今日这种教学体制下是绝难复现的；感谢我的学生们，他们的作品丰富了本书的内容，也验证了我的教学理念，此外还有一些国外的优秀作品也在本书中有所引用。

　　本书中绝大多数水彩画都是我教学时的示范，在有限的时间下完成。作品拍照存档时，所用相机不能很好地复原原作的色彩，故恐有诸多不足，恳请读者谅解。本书作品只涉及建筑快图的水彩表现，再次感谢你们选择了这本书！